中国科学技术协会统计年鉴 2018

中国科学技术协会　编

中国科学技术出版社
·北　京·

图书在版编目（CIP）数据

中国科学技术协会统计年鉴. 2018/中国科学技术协会编. —北京：中国科学技术出版社，2018.11
ISBN 978-7-5046-8187-4

Ⅰ.①中… Ⅱ.①中… Ⅲ.①中国科学技术协会－统计资料－2018－年鉴 Ⅳ.①G322.25-54

中国版本图书馆CIP数据核字(2018)第260053号

策划编辑　郑洪炜　李　洁
责任编辑　李　洁　史朋飞
图文设计　中文天地
责任校对　杨京华
责任印制　马宇晨

出　　版　中国科学技术出版社
发　　行　中国科学技术出版社发行部
地　　址　北京市海淀区中关村南大街16号
邮　　编　100081
发行电话　010-62173865
投稿电话　010-63581070
网　　址　http://www.cspbooks.com.cn

开　　本　880mm×1230mm　1/16
字　　数　450千字
印　　张　14.75
版　　次　2018年11月第1版
印　　次　2018年11月第1次印刷
印　　刷　北京盛通印刷股份有限公司

书　　号　ISBN 978-7-5046-8187-4 / G・793
定　　价　98.00元

《中国科学技术协会统计年鉴 2018》编辑委员会

《中国科学技术协会统计年鉴 2018》编辑部

编印说明

一、《中国科学技术协会统计年鉴2018》（以下简称《年鉴》）是一本反映各级科协及所属团体事业发展情况的资料性年度出版物。《年鉴》收录了2017年度中国科协（仅指中国科协机关和直属单位，下同）、省级科协、副省级城市科协、省会城市科协、地级科协、县级科协、所属全国学会、省级学会的组织建设、为科技工作者服务、学术交流活动、科普活动、科普基础设施和科技传播等方面的统计数据。

二、全书内容分为十三个部分：中国科协2017年度事业发展统计公报、综合、组织建设、为科技工作者服务、服务创新驱动发展、学术交流活动、科技期刊、科技开放与交流、科学技术普及活动、青少年科技教育、科普基础设施建设、科技传播和科技创新智库建设。各部分前编有简要说明。《年鉴》后附有主要指标解释。

三、《年鉴》各项统计数据均未包括香港特别行政区、澳门特别行政区和台湾省的数据。

四、《年鉴》中以“学会”统称各类学会、协会、研究会。

五、《年鉴》第二部分至第十三部分中地级科协的数据均不含副省级城市科协、省会城市科协数据。

六、《年鉴》表中的符号“－”表示该项统计指标数据不详或无该项数据，“#”表示其中的主要项，“*”表示表下另有注释。

七、《年鉴》资料来源于中国科学技术协会综合统计报表（批准机关：国家统计局；批准文号：国统制〔2016〕182号）。综合统计调查年度报表工作由中国科协计划财务部统一组织开展，所有数据均由基层单位通过中国科协系统统计工作网络平台填报，逐级汇总。统计年鉴由中国科学技术出版社出版。

由于数据量大，难免有疏漏之处，欢迎指正。

目录

六、学术交流活动

七、科技期刊

八、科技开放与交流

九、科学技术普及活动

十、青少年科技教育

十一、科普基础设施建设

十二、科技传播

十三、科技创新智库建设

一、中国科协
2017 年度事业发展统计公报

一、中国科协2017年度事业发展统计公报①

2018年7月

2017年，在以习近平同志为核心的党中央的坚强领导下，中国科协深入贯彻落实党的十八大和十八届三中、四中、五中、六中、七中全会精神，认真学习贯彻党的十九大精神，坚持以习近平新时代中国特色社会主义思想为指导，贯彻落实中央重大决策部署，积极履行为科技工作者服务、为创新驱动发展服务、为提高全民科学素质服务、为党和政府科学决策服务的工作职责，坚定不移地深化改革，使各项工作迈上新台阶。

一、组织建设

（一）科协组织建设

各级科协3112个，直属单位1604个。各级科协驻会领导班子人数6102人；各级代表大会总人数244398人，其中委员会委员总人数65003人，常务委员会委员总人数25481人。

各级科协从业人员40429人，其中女性从业人员17297人。举办干部教育培训班2046次（期），共培训40.0万人次。

企业科协②18523个，个人会员292.8万人。高校科协③1181个，个人会员70.0万人。街道科协（社区科协）④11292个，个人会员63.3万人。乡镇科协⑤21590个，个人会员141.6万人。农技协⑥9.0万个，个人会员1455.9万人，其中在民政部门注册的农技协4.1万个（图1）。

（二）学会组织建设

各级科协所属学会35858个，其中中国科协所属全国学会210个，省级科协所属省级学会3512个。全国学会理事会理事⑦3.5万人，省级学会理事会理事23.7万人。

两级学会从业人员43047人，其中全国学会从业人员4000人，省级学会从业人员39047人。

中国科协成立的学会联合体⑧6个，即生命科学学会联合体、军民融合学会联合体、清洁能源学会联合体、信息科技学会联合体、智能制造学会联合体、先进材料学会联合体。省级科协成立的学会联合体36个。

---

① 本公报中各项统计数据均未包括香港特别行政区、澳门特别行政区和台湾省的数据。部分数据因四舍五入的原因，存在与分项合计不等的情况。
本公报中各种范围所表述的含义：
各级科协指中国科协机关及直属单位、省级科协、副省级与省会城市科协、地级科协、县级科协。
地方科协指省级科协、副省级与省会城市科协、地级科协、县级科协。
学会指各级科协所属学会、协会、研究会。
两级学会指中国科协所属全国学会、省级科协所属省级学会。
全国学会指中国科协所属全国学会。
省级学会指省级科协所属省级学会。
中国科协基层组织指各级科协在科技工作者集中的企业、事业单位，高等院校，有条件的街道、社区和乡镇村等建立的科学技术协会（科学技术普及协会）等。

② 企业科协是各级科协批复由企业成立的科协基层组织。

③ 高校科协是各级科协批复由高等院校成立的科协基层组织。

④ 街道科协（社区科协）是街道、社区成立的科协基层组织。

⑤ 乡镇科协是乡镇成立的科协基层组织。

⑥ 农技协是在民政部门登记、经本级科协正式审批接纳的农村专业技术协会（农技协）和在科协登记备案的各类农村专业技术研究会（农研会）。

⑦ 理事会理事是经学会会员代表大会选举产生的学会理事会理事。

⑧ 学会联合体是为推动学会适应创新型国家建设和全面深化改革的时代要求，根据国家科技发展战略的重大部署，由学科相近的学会自愿联合，在一些重点学科领域组建的非法人的联合体组织。

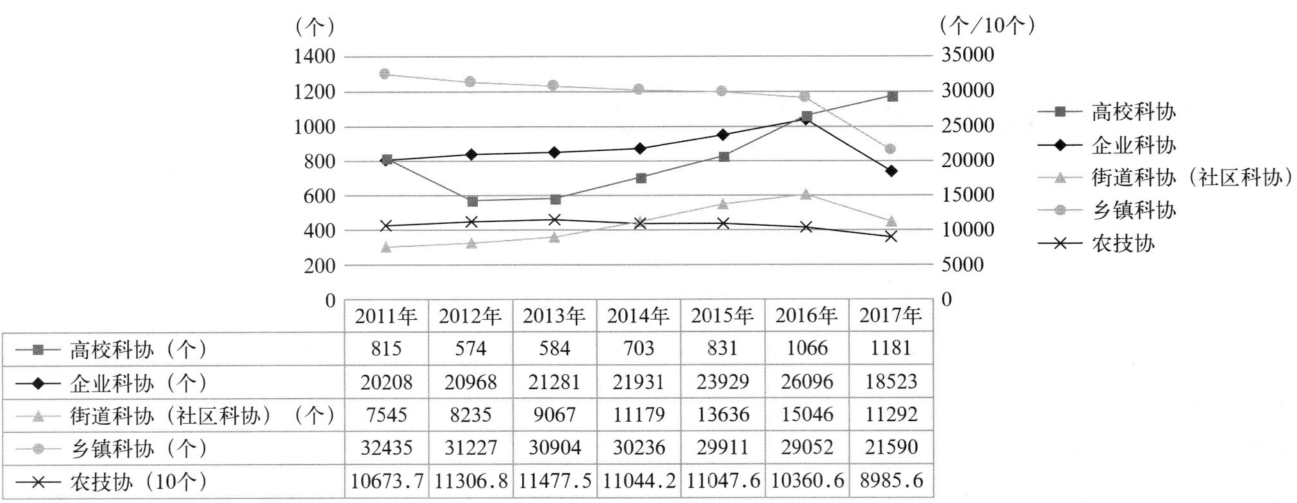

	2011年	2012年	2013年	2014年	2015年	2016年	2017年
高校科协（个）	815	574	584	703	831	1066	1181
企业科协（个）	20208	20968	21281	21931	23929	26096	18523
街道科协（社区科协）（个）	7545	8235	9067	11179	13636	15046	11292
乡镇科协（个）	32435	31227	30904	30236	29911	29052	21590
农技协（10个）	10673.7	11306.8	11477.5	11044.2	11047.6	10360.6	8985.6

图 1　科协基层组织基本情况

全国学会个人会员[①] 453.7 万人，团体会员 5.1 万个。省级学会个人会员 756.6 万人，团体会员 22.8 万个（图 2）。

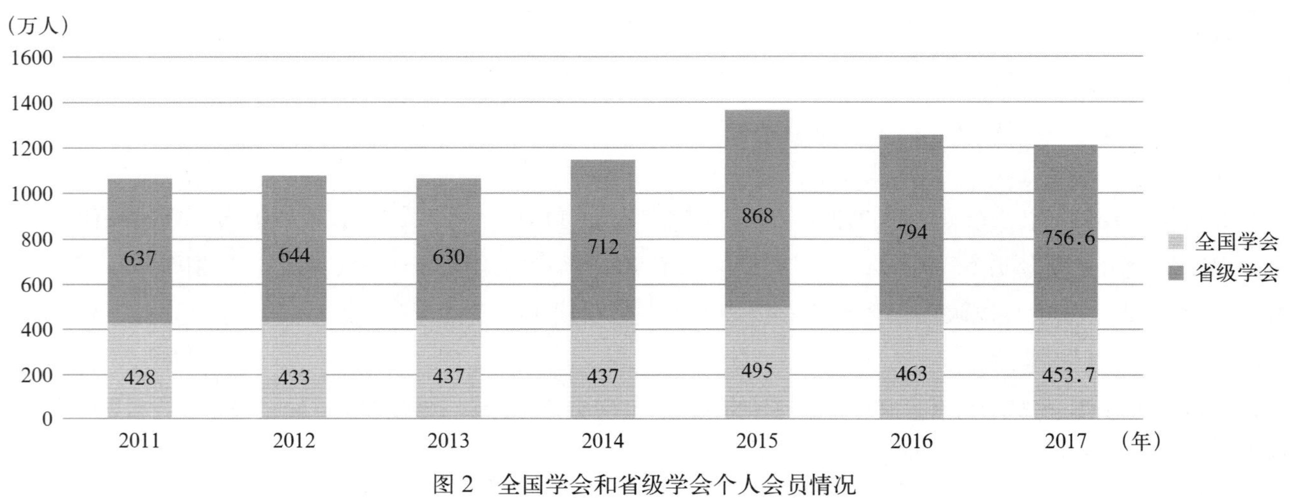

图 2　全国学会和省级学会个人会员情况

在基层直接为公众提供科普服务的专职科普工作者（科普工作时间占其全部工作时间 60% 以上的工作人员）7.6 万人，兼职科普工作者 68.9 万人，注册科普志愿者 240.8 万人。

二、为科技工作者服务

各级科协和两级学会向省部级（含）以上科技奖项、人才计划（工程）举荐人才 5773 人次，向省部级（含）以上科技奖项推荐项目 2293 项。

设立科技奖项[②] 1351 项，其中省级及以上科协组织设立 50 项，全国学会设立 367 项，省级学会设立 934 项。表彰奖励科技工作者 11.6 万人次，其中女性科技工作者 3.4 万人次、40 岁以下科技工作者 5.0 万人次。

开展科学道德与学风建设宣讲活动[③] 1924 场次，宣讲活动受众人数 315.2 万人次，参加活动专家 2.1 万人次。

举办继续教育培训班 8353 场次，培训结业人数 208.8 万人次。

① 学会个人会员是在学会注册登记，并取得本学会会员资格的人员（包括外籍会员）。

② 科技奖项是省级及以上科协组织和两级学会设立的科技奖项，涵盖人物奖、成果奖、科技奖和科普类奖等奖项。不包括一般的表扬鼓励和专门针对本单位工作人员的表彰奖励。

③ 科学道德与学风建设宣讲活动是各级科协和两级学会主办或牵头组织宣讲科学精神、科学道德、科学伦理和科学规范等的活动。

通过媒体宣传科技工作者 53.9 万人次，其中中央媒体宣传科技工作者 1.0 万人次、省级媒体宣传科技工作者 2.0 万人次。宣传媒介呈多样化，通过电视宣传 6.1 万人次，通过纸质媒体宣传 37.2 万人次，通过网络与新媒体宣传 10.2 万人次。

三、服务创新驱动发展

建设“双创”服务平台／中心 997 个。开展推进“大众创业、万众创新”活动 3490 项，其中举办“双创”竞赛、论坛、展览等类型的活动 1387 项，开展“双创”咨询、教育、培训等类型的活动 2675 项，开展“双创”投融资、成果转化等类型的活动 498 项。

签订创新驱动助力工程项目合同 2461 个，参与创新驱动助力工程的科技工作者 12.9 万人。

两级学会研制技术标准[①] 1071 个，其中全国学会 378 个、省级学会 693 个。两级学会研制团体标准[②] 810 个，其中全国学会 449 个、省级学会 361 个。

各级科协指导组建专家工作站[③] 10120 个，全年组织进站专家 7.0 万人次。组建专家服务团队[④] 10175 个，参加服务团队专家 12.5 万人次（图 3）。

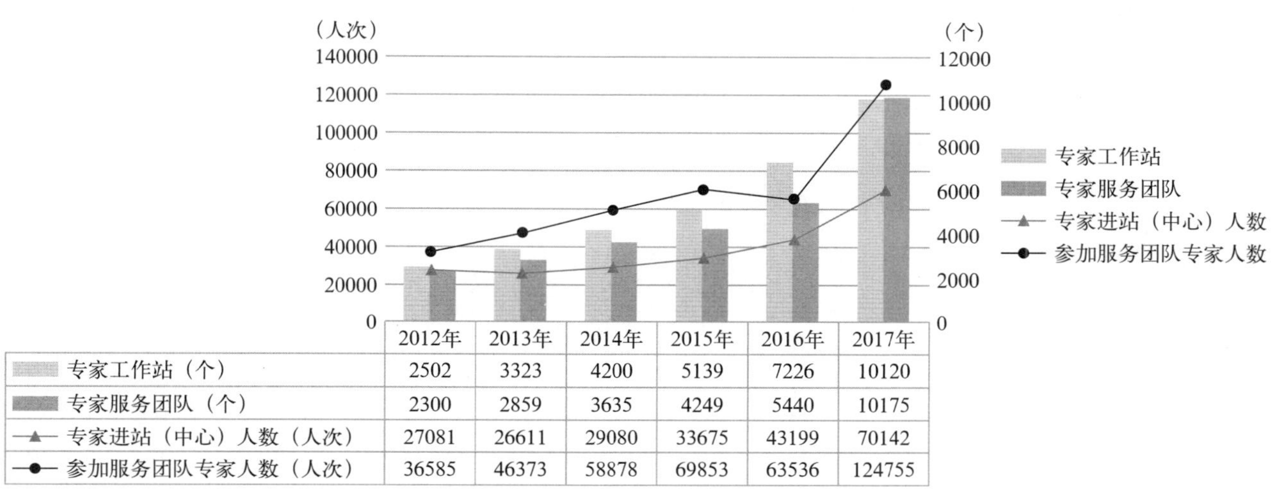

	2012年	2013年	2014年	2015年	2016年	2017年
专家工作站（个）	2502	3323	4200	5139	7226	10120
专家服务团队（个）	2300	2859	3635	4249	5440	10175
专家进站（中心）人数（人次）	27081	26611	29080	33675	43199	70142
参加服务团队专家人数（人次）	36585	46373	58878	69853	63536	124755

图 3　各级科协指导组建专家工作站、专家服务团队情况

四、学术交流活动

各级科协和两级学会共举办学术会议 21096 场次，参加人数 558.8 万人次，交流论文 100.8 万篇。

举办国内学术会议[⑤] 19324 场次，其中举办学术年会 6849 场次。国内学术会议参加人数 487.9 万人次，其中企业科技工作者 109.5 万人次，交流论文 86.0 万篇。

举办境内国际学术会议[⑥] 1506 场次。境内国际学术会议参加人数 62.9 万人次，其中企业科技工作者 14.6 万人次，境外专家学者 4.8 万人次，交流论文 14.0 万篇。

---

① 技术标准是两级学会针对具有普遍性和重复出现的技术问题，对标准化领域中需要协调统一的技术事项所制定的标准。

② 团体标准是两级学会按照团体确立的标准制定程序自主制定并发布，由社会自愿采用的标准。

③ 专家工作站是各级科协组织和两级学会协同有关单位，为高层次专家直接参与经济建设和社会服务组建的科技服务机构。

④ 专家服务团队是各级科协和两级学会根据项目合作需要，按专业特点牵头组织的专家服务团队，主要承担科学普及、科技攻关、决策咨询、工程论证、技术指导、科技扶贫等相关合作项目。

⑤ 国内学术会议是在我国境内由各级科协和两级学会主办或牵头主办的，以学术交流为目的，有国内有关专家、学者及科技人员参加并提交学术论文的学术研讨会、交流会、报告会和论坛等。

⑥ 境内国际学术会议是在我国境内由各级科协和两级学会主办或牵头主办，并受国际组织委托承办的，以学术交流为目的，与会代表来自 3 个或 3 个以上国家或地区（不含港澳台地区）的研讨会、交流会、报告会和论坛等。

举办港澳台地区学术会议[①] 266 场次。港澳台地区学术会议参加人数 8.0 万人次，其中企业科技工作者 1.4 万人次，交流论文 8013 篇。

五、科技期刊

各级科协和两级学会主办科技期刊[②] 2507 种。科技期刊总印数 9080.6 万册，其中已实行开放存取的期刊 558 种。

2507 种科技期刊包括中文学术期刊、科普期刊、技术期刊和英文学术期刊，其中中文学术期刊 1405 种、科普期刊 535 种、技术期刊 396 种、英文学术期刊 171 种。中文学术期刊印数 3072.4 万册，科普期刊印数 5825.8 万册，技术期刊印数 844.6 万册，英文学术期刊印数 171.6 万册。发表论文 54.1 万篇，其中英文学术期刊发表论文 2.3 万篇。

六、科技开放与交流

各级科协和两级学会加入国际民间科技组织[③] 959 个。在国际民间科技组织中任职专家 1742 人，其中担任主席、副主席、执委或相当职务的高级别任职专家 722 人，其他一般级别任职专家 1020 人。

参加国际科学计划[④] 368 项。参加国外科技活动 4.0 万人次，参加港澳台地区科技活动 23.0 万人次。接待国外、港澳台地区专家学者 5.0 万人次。促成双边合作交流项目 656 个。

2017 年中国科协推动新建海外人才离岸创业基地 5 个，推动新建海智计划工作基地 11 个。

七、科学技术普及活动

各级科协和两级学会举办科普宣讲活动[⑤] 6.6 万场次，其中院士科普报告会 1974 场次、专题展览 13790 场次、流动科技馆巡展 6410 场次、科技咨询 31869 场次。科普宣讲活动受众人数 17.1 亿人次，其中流动科技馆巡展受众人数 6411.3 万人次。举办实用技术培训 3.7 万次，接受培训人数 2093.3 万人次。推广新技术新品种 12810 项。参加各类科普活动的科技人员 470.9 万人次，其中专家人数 44.4 万人次。参加各类科普活动的学会、协会、研究会 13.1 万个次。

各类科普活动覆盖村 36.8 万个次，覆盖社区 10.8 万个次。

八、青少年科技教育

各级科协和两级学会举办青少年科普宣讲活动 13408 场次，其中专家报告 7247 场次。青少年科普宣讲活动受众人数 3949.0 万人次。举办青少年科技竞赛 5834 项，参加竞赛的青少年 6195.9 万人次，获奖人数 130.8 万人次。举办青少年科学营[⑥] 1164 次，参加人数 20.8 万人次。编印青少年科技教育资料 980 种，印数 900.5 万

---

① 港澳台地区学术会议指由各级科协和两级学会与港澳台地区有关组织联合主办的，以学术交流为目的，来自港澳台地区的与会代表人数占总参会人数三分之一以上的研讨会、交流会、报告会和论坛等。

② 科技期刊指由各级科协和两级学会主办或合办，具有固定刊名、刊期、年卷或年月顺序编号，以报道科学技术为主要内容的连续出版物，包括学术期刊、综合期刊、技术期刊、科普期刊和检索期刊等，不包括各类内部刊物。

③ 国际民间科技组织指各级科协和两级学会代表国家、地区或学科加入的，经所在国正式注册、具有法人资质的国际民间科技组织。

④ 国际科学计划指由各级科协和两级学会及所联系的专家参与的，由国际民间科技组织发起或主导的国际科学计划。

⑤ 科普宣讲活动指各级科协和两级学会单独或牵头组织的单次或系列化的，以报告会、广播、电视、报刊、网络或其他形式举办的科普讲座和报告，以陈列实物及展示图片等形式举办的各类科普展览，以及相关专业专家组成智力团体，向社会和公众提供的智力服务等活动。

⑥ 青少年科学营指由中国科协、教育部共同主办，旨在充分利用重点大学的科技教育资源，激发青少年对科学的兴趣，培养青少年的科学精神、创新意识和实践能力的青少年高校科学营活动。

册。举办青少年科技教育活动和培训 7790 场次，参加培训人数 706.0 万人次。通过中学生英才计划[①] 培养学生 3.5 万人。

九、科普基础设施建设

截至 2017 年年底，各级科协拥有所有权或使用权的科技馆[②] 867 个。总建筑面积 499.0 万平方米，展厅面积 194.0 万平方米。其中建筑面积 8000 平方米以上的科技馆 129 个，已实行免费开放的科技馆 776 个。科技馆全年接待参观人数6097.1万人次，其中少年儿童参观人数3523.5万人次。流动科技馆1035个。科普活动站（中心、室）5.6 万个，全年参加活动（培训）人数 4038.8 万人次。科普画廊建筑面积（宣传栏、宣传橱窗）251.4 万平方米，全年展示面积 450.3 万平方米（图 4）。

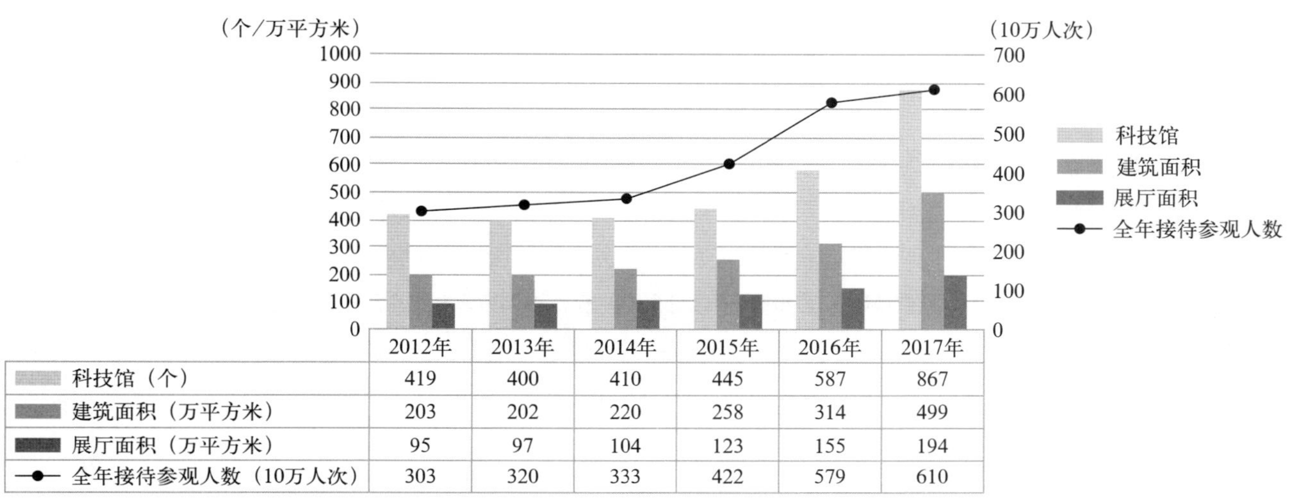

	2012年	2013年	2014年	2015年	2016年	2017年
科技馆（个）	419	400	410	445	587	867
建筑面积（万平方米）	203	202	220	258	314	499
展厅面积（万平方米）	95	97	104	123	155	194
全年接待参观人数（10万人次）	303	320	333	422	579	610

图 4 各级科协科技馆建设基本情况

截至 2017 年年底，中国科协配发给地方科协用于科普活动的大篷车 1199 辆，科普大篷车全年下乡次数 3.5 万次。科普大篷车全年下乡行驶里程 816.6 万千米，受益人数 2890.4 万人次。

中国科协命名的全国科普教育基地 1193 个，全年参观人数 2.6 亿人次。省级科协命名的省级科普教育基地 4366个，全年参观人数3.3亿人次。各级科协命名的农村科普示范基地15821个。各级科协命名的科普示范县（市、区）1241 个，省级及以下科协命名的科普示范街道（乡、镇）7846 个，科普示范社区（村）31551 个，科普示范户 26.4 万个。

科普中国 e 站[③] 37537 个，其中乡村 e 站 13647 个、社区 e 站 16590 个、校园 e 站 7309 个。

中央财政和地方财政投入基层科普行动计划奖补资金 8.3 亿元，其中中央财政投入 4.3 亿元、地方财政投入 4.0 亿元。

各级科协会同财政部门表彰奖励有突出贡献的农村专业技术协会、农村科普示范基地、农村科普带头人、少数民族科普工作队等 12041 个（人），其中基层科普行动计划奖补先进农村专业技术协会 2757 个、农村科普示范基地 2493 个、农村科普带头人 4581 人、少数民族科普工作队 57 个。

---

① 中学生英才计划指中国科协和教育部联合开展，为落实“支持有条件的高中与大学、科研院所合作开展创新人才培养研究和试验，建立创新人才培养基地”的要求，选拔一批品学兼优、学有余力，具有创新潜质的中学生走进大学，在自然科学基础学科领域著名科学家的指导下参加科学研究项目、科技社团活动、学术研讨和科研实践等活动。

② 科技馆指各级科协拥有所有权或使用权的具备展览教育、培训教育、实验教育等功能，面向公众常年开放的社会科技教育固定设施。

③ 科普中国 e 站指基于科普中国网和科普中国服务云，依托网络、终端、活动场所等现有基层科普设施，按照统一标准建设、命名和挂牌，实现细分公众，线上线下相结合科普活动的信息化阵地。

十、科技传播

各级科协和两级学会编著科技图书 3128 种，印数 1753.3 万册。主办科技报纸 169 种，印数 1.3 亿份。制作科普挂图 3205 种，印数 2222.6 万张。

制作科技广播影视节目总时长 28.9 万小时，播放科技广播及影视节目总时长 979.1 万小时，其中电台、电视台播放科技节目 15.3 万小时。制作科普动漫作品总时长 12.2 万小时。

主办科技网站 1540 个，全年浏览量 5.8 亿人次。主办科普网站 1014 个，全年浏览量 55.0 亿人次，其中科普中国浏览量 49.8 亿人次。主办科普 App109 个，下载安装 1287.9 万次。主办科普手机报 79 个，订阅数 1380.7 万次。主办科普微信公众号 1758 个，关注数 2090.4 万个。主办科普微博 454 个，关注数 2429.7 万个。开设科教栏目的电视台 664 家，广播电台 264 家。

十一、科技创新智库建设

截至 2017 年年底，建设全国科技工作者状况调查站点 506 个，建设省级科技工作者状况调查站点 410 个。

各级科协和两级学会举办决策咨询活动 1937 场次，参与专家 4.4 万人次。开展科技评估[①] 2300 项。组织参与立法咨询 262 次。组织政协科协界委员协商或调研活动 710 场次。提供决策咨询报告 2981 篇，其中获上级领导同志批示的报告 1290 篇。反映科技工作者建议 15802 条，其中获上级领导同志批示的建议 2996 条。答复人大、政协代表（委员）提案 452 件。发布智库品牌报告 311 份。组织政策解读活动 661 场次。发布政策解读文章 425 篇。

① 科技评估指各级科协和两级学会独立或牵头开展，遵循一定的原则、程序和标准，运用科学、公正和可行的方法，对科技活动有关的政策、计划、项目、成果、专有技术、产品机构、人才等进行专业判断的评估活动。

二、综　合

简要说明

本部分主要指标数据是从各章节提取或经过简单加工的，旨在总体反映 2017 年科协系统组织建设和主要业务活动的情况。

2-1 2017年科协系统综合统计主要数据汇总表

指 标		总 计		科协小计		中国科协机关及直属单位		省级科协	
		2016年	2017年	2016年	2017年	2016年	2017年	2016年	2017年
机构和人员									
机构数	（个）	3206	3112	3206	3112	1	1	32	32
从业人员（机关＋直属单位）	（人）	38730	40429	38730	40429	1260	1326	7919	7752
学会数（学会、协会、研究会）	（个）	—	35858	—	35858	—	210	—	3512
学会个人会员	（万人）	1250.62	1210.37	—	—	—	—	—	—
企业科协	（个）	26096	18523	26096	18523	—	—	4052	2735
个人会员	（万人）	374.78	292.76	374.78	292.76	—	—	110.15	98.23
高等院校科协	（个）	1066	1181	1066	1181	—	—	600	555
个人会员	（万人）	58.19	69.98	58.19	69.98	—	—	34.63	39.72
街道科协（社区科协）	（个）	15046	11292	15046	11292	—	—	—	—
个人会员	（万人）	71.74	63.33	71.74	63.33	—	—	—	—
乡镇科协	（个）	29052	21590	29052	21590	—	—	—	—
个人会员	（万人）	211.98	141.62	211.98	141.62	—	—	—	—
农技协	（个）	103606	89922	103606	89922	—	—	22	15028
# 民政部门注册	（个）	43377	41323	43377	41323	—	—	22	5623
个人会员	（万人）	1482.84	1455.85	1482.84	1455.85	—	—	0.71	316.84
科普专职人员	（人）	44028	76424	35927	55768	1148	532	1561	2055
科普兼职人员	（人）	439110	689465	336267	498151	5074	4417	2440	658
注册科普志愿者	（人）	1218671	2408073	1102816	2226606	134	97	25795	838992
为科技工作者服务									
表彰奖励科技工作者	（人次）	130313	115766	53093	41912	2478	793	6285	5592
# 女性科技工作者	（人次）	39684	33638	15908	13916	392	254	1042	1777
科学道德与学风建设宣讲活动	（场次）	9951	1924	8061	1117	4	0	2897	63
宣讲活动受众人数	（万人次）	195.15	315.17	153.47	168.06	0.80	0	41.82	44.98
通过媒体宣传科技工作者	（人次）	33131	539079	10077	252011	1112	1173	3082	15094
服务创新驱动发展									
参与创新驱动助力工程的科技工作者	（人次）	115418	128635	91825	80978	10494	24920	9759	8273
建设"双创"服务平台／中心	（个）	1033	997	701	660	1	1	30	52
技术标准研制数量	（个）	2145	1183	537	112	298	0	12	2
团体标准研制数量	（个）	1502	875	478	65	298	0	9	18
专家工作站（服务中心）	（个）	8073	10120	7226	9353	497	1	2047	4328
专家进站（中心）人数	（人次）	49027	70142	43199	61064	2250	10	12474	32305

2-1 续表 1

指　　标		副省级城市科协、省会城市科协		地级科协		县级科协	
		2016 年	2017 年	2016 年	2017 年	2016 年	2017 年
机构和人员							
机构数	（个）	32	32	395	378	2746	2669
从业人员（机关＋直属单位）	（人）	2327	2570	7899	9598	18895	19511
学会数（学会、协会、研究会）	（个）	—	1777	—	8730	—	21629
学会个人会员	（万人）	—	—	—	—	—	—
企业科协	（个）	1544	1516	5936	3709	14564	10563
个人会员	（万人）	31.38	42.46	123.80	78.35	109.44	73.72
高等院校科协	（个）	90	123	320	424	56	79
个人会员	（万人）	4.59	5.65	18.16	23.15	0.81	1.47
街道科协（社区科协）	（个）	65	—	699	676	14282	10616
个人会员	（万人）	0.04	—	4.65	6.06	67.05	57.27
乡镇科协	（个）	137	—	1165	1174	27750	20416
个人会员	（万人）	0.07	—	15.71	6.80	196.20	134.82
农技协	（个）	347	517	13374	8315	89863	66062
# 民政部门注册	（个）	143	115	6034	5166	37178	30419
个人会员	（万人）	2.66	7.61	214.85	117.93	1264.62	1013.47
科普专职人员	（人）	2501	2877	5770	7087	24947	43217
科普兼职人员	（人）	32414	38077	37029	93021	259310	361978
注册科普志愿者	（人）	21785	27736	392401	412285	662701	947496
为科技工作者服务							
表彰奖励科技工作者	（人次）	673	604	13343	11647	30314	23276
# 女性科技工作者	（人次）	215	210	4512	4214	9747	7461
科学道德与学风建设宣讲活动	（场次）	20	9	572	112	4568	933
宣讲活动受众人数	（万人次）	0.96	0.31	8.99	4.61	100.90	118.17
通过媒体宣传科技工作者	（人次）	202	1768	2144	6283	3537	227693
服务创新驱动发展							
参与创新驱动助力工程的科技工作者	（人次）	5305	4917	50053	27279	16214	15589
建设“双创”服务平台／中心	（个）	57	46	246	159	367	402
技术标准研制数量	（个）	24	5	129	11	74	94
团体标准研制数量	（个）	16	5	106	8	49	34
专家工作站（服务中心）	（个）	703	786	1731	1809	2248	2429
专家进站（中心）人数	（人次）	2747	3057	9084	8909	16644	16783

2-1　续表 2

指　　标		学会小计		全国学会		省级学会	
		2016 年	2017 年	2016 年	2017 年	2016 年	2017 年
机构和人员							
机构数	（个）	—	—	—	—	—	—
从业人员（机关＋直属单位）	（人）	—	—	—	—	—	—
学会数（学会、协会、研究会）	（个）	—	—	—	—	—	—
学会个人会员	（万人）	1250.62	1210.37	457.42	453.74	793.19	756.63
企业科协	（个）	—	—	—	—	—	—
个人会员	（万人）	—	—	—	—	—	—
高等院校科协	（个）	—	—	—	—	—	—
个人会员	（万人）	—	—	—	—	—	—
街道科协（社区科协）	（个）	—	—	—	—	—	—
个人会员	（万人）	—	—	—	—	—	—
乡镇科协	（个）	—	—	—	—	—	—
个人会员	（万人）	—	—	—	—	—	—
农技协	（个）	—	—	—	—	—	—
# 民政部门注册	（个）	—	—	—	—	—	—
个人会员	（万人）	—	—	—	—	—	—
科普专职人员	（人）	8101	20656	410	749	7691	19907
科普兼职人员	（人）	102843	191314	4819	8084	98024	183230
注册科普志愿者	（人）	115855	181467	4384	7490	81886	157444
为科技工作者服务							
表彰奖励科技工作者	（人次）	77220	73854	21861	25060	55359	48794
# 女性科技工作者	（人次）	23776	19722	5325	5280	18451	14442
科学道德与学风建设宣讲活动	（场次）	1890	807	261	149	1629	658
宣讲活动受众人数	（万人次）	41.67	147.11	5.45	3.68	36.23	143.43
通过媒体宣传科技工作者	（人次）	23054	287068	8751	246340	14303	40728
服务创新驱动发展							
参与创新驱动助力工程的科技工作者	（人次）	23593	47657	8336	22993	15257	24664
建设“双创”服务平台／中心	（个）	332	337	140	38	192	299
技术标准研制数量	（个）	1608	1071	493	378	1115	693
团体标准研制数量	（个）	1024	810	378	449	646	361
专家工作站（服务中心）	（个）	847	767	146	119	701	648
专家进站（中心）人数	（人次）	5828	9078	1119	954	4709	8124

2-1 续表 3

指标		总计		科协小计		中国科协机关及直属单位		省级科协	
		2016 年	2017 年	2016 年	2017 年	2016 年	2017 年	2016 年	2017 年
专家服务团队	(个)	8138	10175	5440	6779	16	13	1231	2049
参加服务团队专家人数	(人)	112870	124755	63536	82351	546	1020	13555	14347
学术交流活动									
国内学术会议	(次)	31156	19324	7207	2801	88	117	604	224
参加人数	(万人次)	550.12	487.91	94.99	77.81	1.70	1.43	11.26	7.52
境内国际学术会议	(次)	3028	1506	342	251	12	17	70	40
参加人数	(万人次)	56.41	62.94	8.25	9.72	1.33	3.18	1.73	1.31
港澳台地区学术会议	(次)	358	266	74	58	11	16	17	14
参加人数	(万人次)	3.54	7.97	1.01	4.65	0.15	0.17	0.14	0.31
科技期刊									
主办科技期刊	(种)	2531	2665*	443	466	8	8	58	54
科技期刊总印数	(万册)	14550.29	9080.65	3463.60	3547.46	88.67	19.33	3137.50	3271.96
科技开放与交流									
加入国际民间科技组织	(个)	—	959	—	164	—	6	—	4
参加国际科学计划	(项)	352	368	44	104	34	2	3	2
参加国外科技活动人数	(人次)	24898	39581	1983	4006	892	247	624	937
参加港澳台地区科技活动人数	(人次)	10224	230300	1527	3237	142	152	407	2092
接待国外专家学者	(人次)	38276	38898	10757	12947	1584	216	6359	7227
双边合作交流项目	(项)	1037	656	630	258	44	12	306	16
科学技术普及活动									
举办科普宣讲活动	(次)	400863	66418	287513	54440	2808	345	8208	3170
# 院士科普报告会	(场次)	5758	1974	4200	1428	4	0	962	188
# 开展科技咨询	(次)	154665	31869	113525	25829	0	0	2394	812
宣讲活动受众人数	(万人次)	124409.38	170989.24	100191.13	34303.64	84558.40	22191.05	2863.31	4003.98
青少年科技教育									
举办青少年科普宣讲活动	(次)	38876	13408	29735	10630	1395	21	2469	701
受众人数	(万人次)	4692.95	3949.02	4060.36	3604.42	2279.10	2169.15	266.22	174.75
举办青少年科技竞赛	(次)	11906	5834	10921	5200	3	4	270	179
参加人数	(万人次)	4484.44	6195.87	3663.40	5766.36	0.77	0.83	1596.23	1366.40
获奖人数	(万人次)	158.27	130.79	96.40	101.98	0.38	0.52	15.10	18.82

* 本数据为分项加和数据，存在多单位共同主办科技期刊。

2-1　续表 4

指　　标		副省级城市科协、省会城市科协		地级科协		县级科协	
		2016 年	2017 年	2016 年	2017 年	2016 年	2017 年
专家服务团队	（个）	268	302	1340	1489	2585	2926
参加服务团队专家人数	（人）	2240	2535	10683	19780	36512	44669
学术交流活动							
国内学术会议	（次）	2305	569	2877	1121	1333	770
参加人数	（万人次）	33.35	28.77	36.56	28.58	12.11	11.51
境内国际学术会议	（次）	89	46	108	83	63	65
参加人数	（万人次）	2.25	0.93	2.20	3.55	0.74	0.75
港澳台地区学术会议	（次）	28	12	9	8	9	8
参加人数	（万人次）	0.54	0.33	0.15	0.11	0.03	3.72
科技期刊							
主办科技期刊	（种）	10	8	108	81	259	315
科技期刊总印数	（万册）	44.04	39.89	67.90	52.45	125.48	163.82
科技开放与交流							
加入国际民间科技组织	（个）	—	—	—	11	—	143
参加国际科学计划	（项）	—	—	—	8	—	92
参加国外科技活动人数	（人次）	68	1637	82	801	317	384
参加港澳台地区科技活动人数	（人次）	218	243	58	51	702	699
接待国外专家学者	（人次）	466	1184	845	1777	1503	2543
双边合作交流项目	（项）	18	17	132	68	130	145
科学技术普及活动							
举办科普宣讲活动	（次）	8690	2697	47693	10181	220114	38047
# 院士科普报告会	（场次）	182	147	744	372	2308	721
# 开展科技咨询	（次）	746	468	15052	3640	95333	20909
宣讲活动受众人数	（万人次）	1325.09	275.39	3079.13	1897.68	8365.21	5935.53
青少年科技教育							
举办青少年科普宣讲活动	（次）	1326	763	6061	1826	18484	7319
受众人数	（万人次）	57.93	49.29	354.72	308.44	1102.39	902.79
举办青少年科技竞赛	（次）	196	153	2525	1274	7927	3590
参加人数	（万人次）	184.77	182.04	737.72	3404.64	1143.90	812.45
获奖人数	（万人次）	11.71	18.78	30.97	27.32	38.25	36.55

2-1 续表 5

指标		学会小计		全国学会		省级学会	
		2016 年	2017 年	2016 年	2017 年	2016 年	2017 年
专家服务团队	(个)	2698	3396	403	516	2295	2880
参加服务团队专家人数	(人)	49334	42404	9249	6758	40085	35646
学术交流活动							
国内学术会议	(次)	23949	16523	5059	4115	18890	12408
参加人数	(万人次)	455.13	410.10	127.28	145.96	327.85	264.14
境内国际学术会议	(次)	2686	1255	1291	488	1395	767
参加人数	(万人次)	48.16	53.22	24.38	24.38	23.78	28.84
港澳台地区学术会议	(次)	284	208	75	49	209	159
参加人数	(万人次)	2.53	3.32	0.63	0.74	1.91	2.58
科技期刊							
主办科技期刊	(种)	2088	2199	1015	1082	1073	1117
科技期刊总印数	(万册)	11086.69	5533.20	8670.02	3575.40	2416.67	1957.80
科技开放与交流							
加入国际民间科技组织	(个)	—	795	—	400	—	395
参加国际科学计划	(项)	308	264	101	46	207	218
参加国外科技活动人数	(人次)	22915	35575	10654	19604	12261	15971
参加港澳台地区科技活动人数	(人次)	8697	227063	3225	222000	5472	5063
接待国外专家学者	(人次)	27519	25951	14136	12349	13383	13602
双边合作交流项目	(项)	407	398	135	123	272	275
科学技术普及活动							
举办科普宣讲活动	(次)	113350	11978	19819	1976	93531	10002
# 院士科普报告会	(场次)	1558	546	375	118	1183	428
# 开展科技咨询	(次)	41140	6040	10927	524	30213	5516
宣讲活动受众人数	(万人次)	24218.24	136685.60	16470.16	130915.92	7748.09	5769.69
青少年科技教育							
举办青少年科普宣讲活动	(次)	9141	2778	2453	608	6688	2170
受众人数	(万人次)	632.59	344.60	171.37	75.76	461.22	268.84
举办青少年科技竞赛	(次)	985	634	149	117	836	517
参加人数	(万人次)	821.04	429.51	225.57	207.00	595.47	222.51
获奖人数	(万人次)	61.87	28.81	8.81	6.90	53.06	21.91

2-1　续表 6

指　　标		总　　计		科协小计		中国科协机关及直属单位		省级科协	
		2016 年	2017 年	2016 年	2017 年	2016 年	2017 年	2016 年	2017 年
举办青少年科学营	（次）	2178	1164	1767	951	72	5	139	81
参加人数	（万人次）	30.07	20.78	25.92	17.86	1.10	1.20	3.73	2.89
中学生英才计划培养学生	（人次）	30850	34904	25540	34189	596	683	693	783
科普基础设施建设									
科技馆	（个）	587	867	587	867	1	1	24	26
# 建筑面积 8000 平方米以上	（个）	98	129	98	129	1	1	22	23
# 实行免费开放的科技馆	（个）	325	776	325	776	—	—	16	25
建筑面积	（万平方米）	313.75	498.98	313.75	498.98	10.20	10.20	70.93	70.69
展厅面积	（万平方米）	154.67	194.03	154.67	194.0 3	6.21	6.21	32.20	31.96
科技馆全年参观人数	（万人次）	5786.73	6097.09	5786.73	6097.09	383.00	398.31	1599.82	1520.87
# 少儿参观人数	（万人次）	2883.34	3523.45	2883.34	3523.45	191.50	199.16	974.26	859.13
流动科技馆	（个）	581	1035	581	1035	1	0	349	393
科普画廊建筑面积（宣传栏、科技宣传橱窗）	（平方米）	2904448	2513695	2904448	2513695	—	—	19659	13055
科普画廊展示面积	（平方米）	5224094	4502870	5224094	4502870	—	—	29320	15323
科普大篷车行驶里程	（千米）	9800749	8166041	9800749	8166042	—	—	714851	514892
科普中国 e 站	（个）	11770	37537	11770	37537	0	67	7290	12168
基层科普行动计划奖补资金	（万元）	59436.52	83240.27	59436.52	83240.27	40000.00	0	11830.50	2256.10
基层科普行动计划奖补的先进单位和个人	（个／人）	8918	12041	8918	12041	2411	0	1999	2534
科技创新智库建设									
举办决策咨询活动	（次）	7720	1937	2996	837	10	5	255	96
参加活动专家数	（人次）	56638	44327	25043	24553	128	173	2274	4419
科技评估	（次）	4162	2300	137	118	12	12	54	14
组织参与立法咨询	（次）	274	262	90	101	22	32	47	8
组织政协科协界委员协商或调研活动	（次）	810	710	646	572	4	0	35	13
提供决策咨询报告	（篇）	14405	2981	6374	1952	315	43	817	259
反映科技工作者建议	（条）	24686	15802	18396	13454	493	11	1253	1829
答复人大、政协代表（委员）提案	（项）	857	452	647	407	83	7	47	22
发布智库品牌报告	（项）	176	311	64	155	5	4	7	40
组织政策解读活动	（次）	773	661	325	276	1	0	30	10
发布政策解读文章	（篇）	752	425	316	169	13	1	87	46

2-1 续表 7

指 标		副省级城市科协、省会城市科协		地级科协		县级科协	
		2016 年	2017 年	2016 年	2017 年	2016 年	2017 年
举办青少年科学营	（次）	50	83	482	294	1024	488
参加人数	（万人次）	2.15	0.45	8.67	2.11	10.27	11.24
中学生英才计划培养学生	（人次）	72	711	21296	472	2883	31540
科普基础设施建设							
科技馆	（个）	17	18	112	141	433	681
# 建筑面积 8000 平方米以上	（个）	10	10	36	43	29	52
# 实行免费开放的科技馆	（个）	12	16	64	132	233	603
建筑面积	（万平方米）	25.25	27.19	92.20	129.85	115.18	261.05
展厅面积	（万平方米）	11.84	12.34	46.02	54.90	58.39	88.63
科技馆全年参观人数	（万人次）	837.91	691.94	1285.25	1502.60	1680.75	1983.37
# 少儿参观人数	（万人次）	361.03	355.52	768.40	890.71	588.15	1218.94
流动科技馆	（个）	4	15	82	206	145	421
科普画廊建筑面积（宣传栏、科技宣传橱窗）	（平方米）	30617	27050	341408	247349	2512764	2226241
科普画廊展示面积	（平方米）	47394	41969	767389	585791	4379991	3859787
科普大篷车行驶里程	（千米）	164737	69224	1751763	1971945	7169398	5609980
科普中国 e 站	（个）	362	2857	1531	7726	2587	14719
基层科普行动计划奖补资金	（万元）	1681.20	3340.00	3363.71	42050.27	2561.11	15289.00
基层科普行动计划奖补的先进单位和个人	（个／人）	456	484	1696	5222	2356	3801
科技创新智库建设							
举办决策咨询活动	（次）	159	16	923	222	1649	498
参加活动专家数	（人次）	778	320	7580	9979	14283	9662
科技评估	（次）	11	12	11	9	49	71
组织参与立法咨询	（次）	1	1	13	2	7	58
组织政协科协界委员协商或调研活动	（次）	22	29	120	105	465	425
提供决策咨询报告	（篇）	210	173	1226	495	3806	982
反映科技工作者建议	（条）	361	308	3882	2813	12407	8493
答复人大、政协代表（委员）提案	（项）	25	33	109	104	383	241
发布智库品牌报告	（项）	48	37	0	10	4	64
组织政策解读活动	（次）	8	4	52	36	234	226
发布政策解读文章	（篇）	8	12	75	18	133	92

2-1 续表 8

指 标		学会小计		全国学会		省级学会	
		2016 年	2017 年	2016 年	2017 年	2016 年	2017 年
举办青少年科学营	（次）	411	213	72	39	339	174
参加人数	（万人次）	4.15	2.92	0.62	0.58	3.53	2.34
中学生英才计划培养学生	（人次）	5310	715	—	109	5310	606
科普基础设施建设							
科技馆	（个）	—	—	—	—	—	—
# 建筑面积 8000 平方米以上	（个）	—	—	—	—	—	—
# 实行免费开放的科技馆	（个）	—	—	—	—	—	—
建筑面积	（万平方米）	—	—	—	—	—	—
展厅面积	（万平方米）	—	—	—	—	—	—
科技馆全年参观人数	（万人次）	—	—	—	—	—	—
# 少儿参观人数	（万人次）	—	—	—	—	—	—
流动科技馆	（个）	—	—	—	—	—	—
科普画廊建筑面积(宣传栏、科技宣传橱窗)	（平方米）	—	—	—	—	—	—
科普画廊展示面积	（平方米）	—	—	—	—	—	—
科普大篷车行驶里程	（千米）	—	—	—	—	—	—
科普中国 e 站	（个）	—	—	—	—	—	—
基层科普行动计划奖补资金	（万元）	—	—	—	—	—	—
基层科普行动计划奖补的先进单位和个人	（个／人）	—	—	—	—	—	—
科技创新智库建设							
举办决策咨询活动	（次）	4724	1100	828	260	3896	840
参加活动专家数	（人次）	31595	19774	9285	6037	22310	13737
科技评估	（次）	4025	2182	1176	1045	2849	1137
组织参与立法咨询	（次）	184	161	100	40	84	121
组织政协科协界委员协商或调研活动	（次）	164	138	39	18	125	120
提供决策咨询报告	（篇）	8031	1029	569	221	7462	808
反映科技工作者建议	（条）	6290	2348	232	210	6058	2138
答复人大、政协代表（委员）提案	（项）	210	45	28	22	182	23
发布智库品牌报告	（项）	112	156	79	42	33	114
组织政策解读活动	（次）	448	385	93	77	355	308
发布政策解读文章	（篇）	436	256	156	60	280	196

三、组织建设

简要说明

本篇统计资料为：

1. 汇总数据，反映中国科协、地方科协、全国学会和省级学会组织建设的基本情况。

2. 地方科协统计数据，分别反映各省级科协、副省级城市科协、省会城市科协、地级科协、县级科协的组织建设情况，包括本年度机构数、从业人员数、代表大会人数、举办干部教育培训班次数等情况。

3. 基层组织统计数据，分别反映乡镇、街道、高校、企业、农村的基层组织建设情况。

4. 省级学会统计数据，按行政区划反映省级学会本年度理事会理事、学会会员、学会从业人员等情况。

3-1 2017年各级科协组织建设汇总表

指标		总计		科协小计		中国科协机关及直属单位		省级科协	
		2016年	2017年	2016年	2017年	2016年	2017年	2016年	2017年
机构数	（个）	3206	3112	3206	3112	1	1	32	32
驻会领导班子人数	（人）	5012	6110	5014	6110	8	8	140	149
代表大会人数	（人）	186671	244398	186671	244398	1323	1323	15969	16104
常务委员会委员人数	（人）	19760	25481	19760	25481	54	54	1423	1350
从业人员（机关＋直属单位）	（人）	38730	40429	38730	40429	1260	1326	7919	7752
举办干部教育培训班次	（期）	2714	2046	2714	2046	87	10	121	78
干部教育培训人数	（人）	310417	399934	281234	399934	10539	1679	6158	8405
学会数（学会、协会、研究会）	（个）	—	35858	—	35858	—	210	—	3512
企业科协	（个）	26096	18523	26096	18523	—	—	4052	2735
个人会员	（万人）	374.78	292.76	374.78	292.76	—	—	110.15	98.23
高等院校科协	（个）	1066	1181	1066	1181	—	—	600	555
个人会员	（万人）	58.19	69.98	58.19	69.98	—	—	34.63	39.72
街道科协（社区科协）	（个）	15046	11292	15046	11292	—	—	—	—
个人会员	（万人）	71.74	63.33	71.74	63.33	—	—	—	—
乡镇科协	（个）	29052	21590	29052	21590	—	—	—	—
个人会员	（万人）	211.98	141.62	211.98	141.62	—	—	—	—
农技协	（个）	103606	89922	103606	89922	—	—	22	15028
# 民政部门注册	（个）	43377	41323	43377	41323	—	—	22	5623
个人会员	（万人）	1482.84	1455.85	1482.84	1455.85	—	—	0.71	316.84
科普专职人员	（人）	35927	55768	35927	55768	1148	532	1561	2055
科普兼职人员	（人）	336267	498151	336267	498151	5074	4417	2440	658
注册科普志愿者	（人）	1102816	2226606	1102816	2226606	134	97	25795	838992

3-1 续表

指 标		副省级城市科协、省会城市科协		地级科协		县级科协	
		2016 年	2017 年	2016 年	2017 年	2016 年	2017 年
机构数	（个）	32	32	395	378	2746	2669
驻会领导班子人数	（人）	133	138	1010	1124	3721	4691
代表大会人数	（人）	10254	11549	53930	65920	105195	149502
常务委员会委员人数	（人）	1261	1227	6325	7541	10697	15309
从业人员（机关＋直属单位）	（人）	2327	2570	7899	9598	18895	19511
举办干部教育培训班次	（期）	33	52	511	324	1964	1582
干部教育培训人数	（人）	2121	3461	28275	28363	234141	358026
学会数（学会、协会、研究会）	（个）	—	1777	—	8730	—	21629
企业科协	（个）	1544	1516	5936	3709	14564	10563
个人会员	（万人）	31.38	42.46	123.80	78.35	109.44	73.72
高等院校科协	（个）	90	123	320	424	56	79
个人会员	（万人）	4.59	5.65	18.16	23.15	0.81	1.47
街道科协（社区科协）	（个）	65	—	699	676	14282	10616
个人会员	（万人）	0.04	—	4.65	6.06	67.05	57.27
乡镇科协	（个）	137	—	1165	1174	27750	20416
个人会员	（万人）	0.07	—	15.71	6.80	196.20	134.82
农技协	（个）	347	517	13374	8315	89863	66062
# 民政部门注册	（个）	143	115	6034	5166	37178	30419
个人会员	（万人）	2.66	7.61	214.85	117.93	1264.62	1013.47
科普专职人员	（人）	2501	2877	5770	7087	24947	43217
科普兼职人员	（人）	32414	38077	37029	93021	259310	361978
注册科普志愿者	（人）	21785	27736	392401	412285	662701	947496

3-2　2017年全国学会、省级学会组织建设汇总表

指　　标		学会小计		全国学会		省级学会	
		2016年	2017年	2016年	2017年	2016年	2017年
理事会理事	（人）	275657	271420	34324	34707	241333	236713
# 常务理事	（人）	98121	94203	10806	10872	87315	83331
# 女性理事	（人）	46317	48807	4681	4915	41636	43892
# 中青年科技工作者	（人）	60790	93493	4321	7930	56469	85563
学会个人会员	（万人）	1250.62	1210.37	457.42	453.74	793.19	756.63
# 女性会员	（万人）	367.48	359.93	107.83	111.01	259.65	248.92
# 高级（资深）会员	（万人）	110.54	126.43	24.45	29.75	86.09	96.68
# 学生会员	（万人）	55.95	53.26	32.47	27.15	23.48	26.11
# 外籍会员	（万人）	0.27	0.50	0.21	0.40	0.06	0.10
# 港、澳、台会员	（万人）	0.52	0.45	0.31	0.34	0.21	0.10
# 交纳会费会员	（万人）	314.09	253.91	139.62	72.21	174.47	181.70
# 党员会员	（万人）	287.86	307.53	122.13	119.08	165.73	188.46
# 赞助会员	（万人）	0.49	1.97	0.10	1.41	0.40	0.56
学会从业人员	（人）	35942	43047	3530	4000	32412	39047
# 女性从业人员	（人）	13244	15953	1916	2150	11328	13803
# 社会聘用人员	（人）	6182	8276	1421	1774	4761	6502
学会团体会员	（人）	239098	278705	58929	51061	180169	227644
科普专职人员	（人）	8101	20656	410	749	7691	19907
# 中级职称以上或大学本科以上学历人员	（人）	5946	16449	298	718	5648	15731
科普兼职人员	（人）	102843	191314	4819	8084	98024	183230
# 中级职称以上或大学本科以上学历人员	（人）	86270	164934	4384	7490	81886	157444
注册科普志愿者	（人）	115855	181467	28156	43929	87699	137538

3–3 2017年各省级科协组织建设

地 区	机构数（个）	驻会领导班子人数（人）	代表大会人数（人）	常务委员会委员人数（人）	机关从业人员（人）	直属单位（个）
合 计	**32**	**149**	**16104**	**1350**	**1214**	**228**
北 京	1	8	643	56	54	12
天 津	1	6	696	39	64	4
河 北	1	5	688	40	33	6
山 西	1	6	492	49	40	14
内蒙古	1	3	500	35	37	5
辽 宁	1	4	507	63	37	5
吉 林	1	5	382	49	35	7
黑龙江	1	4	420	48	33	14
上 海	1	5	996	59	58	10
江 苏	1	4	738	58	65	12
浙 江	1	6	1000	49	40	8
安 徽	1	3	762	48	35	6
福 建	1	5	499	59	48	5
江 西	1	5	530	46	32	4
山 东	1	6	600	40	37	11
河 南	1	7	678	38	40	9
湖 北	1	6	678	65	50	6
湖 南	1	4	480	57	42	7
广 东	1	5	0	0	6	9
广 西	1	4	480	54	43	5
海 南	1	3	241	20	41	4
重 庆	1	7	649	57	62	5
四 川	1	7	750	46	43	12
贵 州	1	5	450	54	39	4
云 南	1	3	772	47	36	7
西 藏	1	5	165	28	29	2
陕 西	1	5	480	49	60	10
甘 肃	1	2	0	0	5	3
青 海	1	0	0	0	3	2
宁 夏	1	4	340	38	27	6
新 疆	1	7	488	59	40	14
新疆生产建设兵团	1	0	0	0	0	0

3-3 续表 1

地 区	直属单位从业人员（人）	举办干部教育培训班次（期）	干部教育培训人数（人）	学会数（学会、协会、研究会）（个）	企业科协（个）	个人会员（人）
合 计	**6538**	**78**	**8405**	**3512**	**2735**	**982289**
北 京	336	7	504	182	113	288337
天 津	158	6	402	158	0	0
河 北	167	2	220	124	231	62500
山 西	444	8	559	136	122	7411
内 蒙 古	195	0	0	104	68	22939
辽 宁	340	1	111	127	0	0
吉 林	110	1	26	0	266	68454
黑 龙 江	311	2	400	114	59	27136
上 海	249	0	0	199	0	0
江 苏	174	2	560	146	0	0
浙 江	186	5	452	173	16	17382
安 徽	180	3	288	154	2	7000
福 建	142	2	270	149	0	0
江 西	73	3	500	114	127	25930
山 东	445	0	0	136	10	14580
河 南	189	0	0	145	0	0
湖 北	139	2	260	144	23	86559
湖 南	196	1	56	140	143	157255
广 东	157	0	0	170	0	0
广 西	300	3	214	115	1	350
海 南	30	3	135	53	9	7105
重 庆	863	2	141	114	291	58060
四 川	243	2	303	72	914	81230
贵 州	90	2	173	112	42	7304
云 南	163	6	593	0	33	631
西 藏	16	3	145	56	3	166
陕 西	157	3	1203	138	38	20112
甘 肃	67	1	150	54	0	0
青 海	34	0	0	0	0	0
宁 夏	112	2	100	82	129	11339
新 疆	272	6	640	101	95	10509
新疆生产建设兵团	0	0	0	0	0	0

3-3 续表 2

地　区	高等院校科协（个）	个人会员（人）	农技协 个数（个）	# 民政部门注册（个）	个人会员（人）	科普专职人员（人）	科普兼职人员（人）	注册科普志愿者（人）
合　计	**555**	**397165**	**15028**	**5623**	**3168387**	**2055**	**658**	**838992**
北　京	21	44593	1	1	347	241	78	1212
天　津	10	5340	0	0	0	142	38	0
河　北	8	29	0	0	0	0	0	0
山　西	20	6600	1	1	10	15	0	5
内蒙古	4	27000	1	1	53	128	0	53
辽　宁	0	0	1	1	102	5	0	0
吉　林	29	1475	1	1	260	0	0	0
黑龙江	18	14000	0	0	0	144	0	280
上　海	6	14761	0	0	0	0	12	12
江　苏	66	735	1	1	778	7	4	681770
浙　江	9	1805	0	0	0	80	0	0
安　徽	5	18600	0	0	0	25	106	0
福　建	57	23800	1	1	201	88	36	5305
江　西	22	6445	0	0	0	6	0	6205
山　东	46	4397	1	1	2400	5	9	0
河　南	15	150	1	1	96	56	0	144000
湖　北	40	27469	1	1	30	5	60	130
湖　南	25	38596	1	1	90	10	0	20
广　东	0	0	0	0	0	22	19	0
广　西	38	23994	0	0	0	6	0	0
海　南	0	0	6	6	52	0	0	0
重　庆	20	27771	1	1	75	550	0	0
四　川	31	6698	8229	4004	2823925	115	0	0
贵　州	0	0	1	1	243	6	6	0
云　南	11	253	0	0	0	96	20	0
西　藏	5	1371	0	0	0	8	77	0
陕　西	26	78685	1	1	639	107	37	0
甘　肃	0	0	6776	1596	338800	0	6	0
青　海	0	0	1	1	105	17	0	0
宁　夏	5	4650	1	1	169	110	150	0
新　疆	18	17948	1	1	12	61	0	0
新疆生产建设兵团	0	0	0	0	0	0	0	0

3–4　2017年各副省级城市科协、省会城市科协组织建设

城　市	机构数（个）	驻会领导班子人数（人）	代表大会人数（人）	常务委员会委员人数（人）	机关从业人员（人）	直属单位（个）
合　计	**32**	**138**	**11549**	**1227**	**743**	**79**
副省级城市小计	**5**	**24**	**2162**	**231**	**104**	**13**
宁　波*	1	7	447	45	20	3
厦　门*	1	3	350	45	20	1
深　圳*	1	3	435	48	8	3
青　岛*	1	7	450	48	30	3
大　连*	1	4	480	45	26	3
省会城市小计	**27**	**114**	**9387**	**996**	**639**	**66**
石家庄	1	4	547	33	26	2
太　原	1	5	300	35	18	5
呼和浩特	1	3	214	23	15	2
沈　阳*	1	5	423	51	33	3
长　春*	1	3	278	57	20	2
哈尔滨*	1	4	465	61	33	3
南　京*	1	6	626	50	36	2
杭　州*	1	6	400	50	27	4
合　肥	1	5	383	0	23	2
福　州	1	6	124	56	18	3
南　昌	1	5	300	35	21	3
济　南*	1	6	452	44	30	2
郑　州	1	8	624	34	29	5
武　汉*	1	4	531	51	36	3
长　沙	1	4	400	45	16	1
广　州*	1	4	530	49	38	6
南　宁	1	5	270	35	20	2
海　口	1	3	0	0	16	0
成　都*	1	3	450	33	35	2
贵　阳	1	4	324	60	25	1
昆　明	1	4	580	60	27	4
拉　萨	1	4	101	15	6	0
西　安*	1	3	400	41	30	2
兰　州	1	0	0	0	13	3
西　宁	0	0	0	0	0	0
银　川	0	0	0	0	0	0
乌鲁木齐	1	3	300	33	16	3

注：本表中城市（包括省会城市）名称后带“*”的为副省级城市。

3-4 续表 1

城　　市	直属单位从业人员（人）	举办干部教育培训班次（期）	干部教育培训人数（人）	学会数（学会、协会、研究会）（个）	企业科协（个）	个人会员（人）
合　　计	**1827**	**52**	**3461**	**1777**	**1516**	**424603**
副省级城市小计	**243**	**17**	**936**	**456**	**429**	**155015**
宁　　波＊	18	6	432	91	9	5500
厦　　门＊	8	0	0	58	200	11643
深　　圳＊	52	5	219	160	151	28151
青　　岛＊	109	6	285	88	41	82000
大　　连＊	56	0	0	59	28	27721
省会城市小计	**1584**	**35**	**2525**	**1321**	**1087**	**269588**
石 家 庄	25	0	0	32	42	1540
太　　原	29	1	45	30	6	80
呼和浩特	17	2	140	15	0	0
沈　　阳＊	18	0	0	28	74	36606
长　　春＊	6	0	0	23	42	2102
哈 尔 滨＊	38	0	0	70	26	11644
南　　京＊	125	3	332	83	180	20995
杭　　州＊	131	2	195	88	28	13412
合　　肥	58	1	80	48	0	0
福　　州	42	0	0	77	12	584
南　　昌	27	2	160	35	21	7200
济　　南＊	35	0	0	87	0	0
郑　　州	103	1	55	76	125	61163
武　　汉＊	200	4	190	83	180	31950
长　　沙	11	1	60	49	1	48
广　　州＊	512	13	1020	86	109	31696
南　　宁	46	2	60	36	70	15400
海　　口	0	0	0	9	4	4
成　　都＊	22	0	0	94	30	1243
贵　　阳	6	1	60	1	0	0
昆　　明	32	2	128	58	46	7019
拉　　萨	0	0	0	5	0	0
西　　安＊	50	0	0	78	22	22288
兰　　州	17	0	0	40	0	0
西　　宁	0	0	0	0	0	0
银　　川	0	0	0	0	0	0
乌鲁木齐	31	0	0	37	45	2612

3-4　续表 2

城　　市	高等院校科　　协（个）	个人会员（人）	农技协 个　数（个）	# 民政部门注册（个）	个人会员（人）	科普专职人　　员（人）	科普兼职人　　员（人）	注册科普志 愿 者（人）
合　　计	**123**	**56461**	**517**	**115**	**76140**	**2877**	**38077**	**27736**
副省级城市小计	**49**	**12960**	**20**	**19**	**1983**	**577**	**2580**	**5781**
宁　　波 *	14	9300	0	0	0	13	24	37
厦　　门 *	8	800	20	19	1983	28	385	5402
深　　圳 *	0	0	0	0	0	503	2000	260
青　　岛 *	13	1300	0	0	0	30	0	0
大　　连 *	14	1560	0	0	0	3	171	82
省会城市小计	**74**	**43501**	**497**	**96**	**74157**	**2300**	**35497**	**21955**
石 家 庄	3	2899	0	0	0	5	0	0
太　　原	1	50	0	0	0	46	0	0
呼和浩特	0	0	0	0	0	32	35	514
沈　　阳 *	16	17734	45	21	3500	3	400	0
长　　春 *	14	1387	0	0	0	0	0	0
哈 尔 滨 *	7	13304	1	1	130	32	0	9600
南　　京 *	3	750	0	0	0	114	11	302
杭　　州 *	4	1725	0	0	0	107	120	344
合　　肥	1	80	0	0	0	0	0	0
福　　州	1	66	1	1	127	54	400	167
南　　昌	6	788	0	0	0	0	0	3036
济　　南 *	0	0	448	71	67200	35	400	1000
郑　　州	0	0	0	0	0	38	166	426
武　　汉 *	1	1200	0	0	0	0	0	0
长　　沙	0	0	0	0	0	0	0	0
广　　州 *	11	2837	0	0	0	82	5	371
南　　宁	0	0	0	0	0	20	0	240
海　　口	0	0	0	0	0	0	0	0
成　　都 *	1	36	0	0	0	0	0	0
贵　　阳	4	552	1	1	100	3	270	0
昆　　明	1	93	0	0	0	0	0	0
拉　　萨	0	0	0	0	0	3	5	0
西　　安 *	0	0	0	0	0	8	600	250
兰　　州	0	0	0	0	0	0	3000	1525
西　　宁	0	0	0	0	0	0	0	0
银　　川	0	0	0	0	0	0	0	0
乌鲁木齐	0	0	0	0	0	1700	30000	1500

3–5 2017 年各地区地级科协组织建设

地 区	机构数（个）	驻会领导班子人数（人）	代表大会人数（人）	常务委员会委员人数（人）	机关从业人员（人）	直属单位（个）
合 计	**378**	**1124**	**65920**	**7541**	**4052**	**456**
北 京	16	48	3097	280	165	11
天 津	16	14	855	117	122	8
河 北	10	42	2033	245	186	20
山 西	10	32	620	73	125	27
内 蒙 古	11	28	2156	236	127	13
辽 宁	12	39	2249	335	131	31
吉 林	9	13	885	179	74	8
黑 龙 江	12	28	733	86	126	14
上 海	16	38	3823	489	174	11
江 苏	11	48	3715	446	178	18
浙 江	9	40	2618	316	98	12
安 徽	15	43	4179	367	152	17
福 建	7	24	1700	258	76	13
江 西	10	38	1233	157	99	19
山 东	15	59	3371	287	185	27
河 南	17	75	3822	294	194	32
湖 北	12	46	3059	332	142	17
湖 南	13	50	3001	351	150	18
广 东	19	62	3940	638	246	19
广 西	13	41	2338	343	117	14
海 南	1	2	0	11	13	0
重 庆	27	74	4421	443	209	12
四 川	20	61	4180	444	205	23
贵 州	8	27	1425	174	83	9
云 南	15	51	2526	231	216	21
西 藏	6	7	207	22	14	0
陕 西	9	25	1165	121	117	5
甘 肃	11	29	1462	117	133	7
青 海	3	3	105	17	15	1
宁 夏	4	8	145	14	32	2
新 疆	10	22	521	54	113	6
新疆生产建设兵团	11	7	336	64	35	21

3−5 续表 1

地　区	直属单位从业人员（人）	举办干部教育培训班次（期）	干部教育培训人数（人）	学会数（学会、协会、研究会）（个）	企业科协（个）	个人会员（人）
合　计	**5546**	**324**	**28363**	**8730**	**3709**	**783537**
北　京	82	22	5008	174	161	10726
天　津	54	2	126	50	111	14378
河　北	128	4	710	344	60	36584
山　西	121	4	331	198	61	33345
内蒙古	149	6	1186	263	33	10049
辽　宁	305	44	1358	205	182	68341
吉　林	107	0	0	159	117	17134
黑龙江	100	1	50	217	44	10391
上　海	139	36	2223	390	116	7546
江　苏	137	19	2274	683	459	146168
浙　江	236	6	484	453	27	2522
安　徽	159	12	758	415	172	40350
福　建	94	3	450	337	37	5179
江　西	81	2	165	239	75	22229
山　东	311	9	451	539	302	41930
河　南	231	8	502	515	154	51631
湖　北	140	9	580	274	242	20728
湖　南	115	13	1096	391	109	46015
广　东	256	25	2182	664	443	32088
广　西	88	19	2058	272	128	16785
海　南	0	0	0	1	0	0
重　庆	57	22	1284	407	281	50018
四　川	110	8	712	545	227	64181
贵　州	81	5	295	131	12	961
云　南	102	29	2130	318	9	627
西　藏	0	0	0	11	0	0
陕　西	120	4	290	181	43	12884
甘　肃	30	5	482	154	59	17854
青　海	3	3	100	27	5	55
宁　夏	33	0	0	30	17	1002
新　疆	34	1	10	108	15	1200
新疆生产建设兵团	1943	3	1068	35	8	636

3-5 续表 2

地　区	高等院校科协(个)	个人会员(人)	街道科协(社区科协)(个)	个人会员(人)	乡镇科协(个)	个人会员(人)
合　计	**424**	**231481**	**676**	**60617**	**1174**	**68043**
北　京	2	500	131	13010	151	9250
天　津	3	1250	62	4174	59	2154
河　北	32	5140	0	0	0	0
山　西	8	1817	6	53	0	0
内蒙古	4	719	0	0	0	0
辽　宁	26	13259	33	99	54	506
吉　林	20	9037	0	0	0	0
黑龙江	11	4424	6	18	11	33
上　海	1	2	51	6526	100	8049
江　苏	64	98144	0	0	0	0
浙　江	26	7345	0	0	0	0
安　徽	16	17383	0	0	0	0
福　建	26	5104	0	0	0	0
江　西	19	9057	0	0	0	0
山　东	28	8809	16	946	43	3622
河　南	17	7407	8	2035	8	1077
湖　北	25	10432	4	2545	68	13858
湖　南	20	10435	0	0	0	0
广　东	18	2441	9	579	47	1104
广　西	0	0	70	765	87	1392
海　南	0	0	0	0	0	0
重　庆	1	25	254	12923	460	21692
四　川	21	8914	0	0	0	0
贵　州	12	1365	0	0	0	0
云　南	5	880	0	0	0	0
西　藏	1	340	0	0	0	0
陕　西	7	2883	20	709	26	3681
甘　肃	7	1673	1	16206	1	660
青　海	0	0	0	0	36	72
宁　夏	0	0	0	0	11	724
新　疆	2	370	0	0	0	0
新疆生产建设兵团	2	2326	5	29	12	169

3–5 续表 3

地 区	农技协			科普专职人员（人）	科普兼职人员（人）	注册科普志愿者（人）
	个 数（个）	# 民政部门注册（个）	个人会员（人）			
合 计	**8315**	**5166**	**1179306**	**7087**	**93021**	**412285**
北 京	189	188	17036	899	5123	4058
天 津	103	52	12485	463	3236	4422
河 北	2	2	1800	166	2235	4694
山 西	304	249	91405	86	206	1344
内 蒙 古	143	136	47350	472	5875	3427
辽 宁	271	185	64838	308	1380	14195
吉 林	239	3	36226	5	19	34
黑 龙 江	391	164	20660	116	360	8222
上 海	12	7	764	422	3195	9923
江 苏	8	8	22512	301	32291	201266
浙 江	124	76	6568	242	3917	20394
安 徽	8	8	1049	201	3135	7649
福 建	223	132	32109	125	1738	5359
江 西	212	106	28887	58	1272	2650
山 东	105	60	28662	46	528	11643
河 南	216	91	33912	1230	7210	8270
湖 北	49	4	9395	133	828	4222
湖 南	931	643	49374	181	1722	57355
广 东	57	41	7489	207	4003	5644
广 西	226	216	46432	225	1300	1046
海 南	6	6	315	11	0	0
重 庆	925	776	125756	262	3930	4348
四 川	965	500	216860	195	1890	8879
贵 州	5	4	370	88	663	3184
云 南	182	170	12842	184	1287	2487
西 藏	90	26	3815	18	373	0
陕 西	817	511	83539	154	1078	4266
甘 肃	1006	362	109110	89	136	2079
青 海	0	0	0	2	11	0
宁 夏	218	208	24377	70	61	9520
新 疆	220	170	24265	27	315	0
新疆生产建设兵团	68	62	19104	101	3704	1705

3-6 2017年各地区县级科协组织建设

地　区	机构数（个）	驻会领导班子人数（人）	代表大会人数（人）	常务委员会委员人数（人）	机关从业人员（人）	直属单位（个）
合　计	**2669**	**4691**	**149502**	**15309**	**15556**	**828**
河　北	161	247	3549	366	924	62
山　西	119	172	1085	164	799	33
内蒙古	101	169	2911	362	607	14
辽　宁	100	146	6127	562	409	21
吉　林	57	56	982	155	285	38
黑龙江	106	65	1819	189	347	13
江　苏	96	214	13160	1357	670	36
浙　江	89	268	14588	1494	685	44
安　徽	105	231	9556	933	574	22
福　建	84	170	7934	964	442	35
江　西	97	205	3168	292	459	19
山　东	136	348	7269	720	967	57
河　南	158	406	7887	600	1208	77
湖　北	102	253	9842	1092	596	68
湖　南	122	233	8371	805	733	48
广　东	119	176	7944	1077	572	18
广　西	108	182	4001	538	610	25
海　南	20	32	310	33	131	4
重　庆	12	30	1876	125	76	4
四　川	179	303	11415	1147	949	44
贵　州	87	169	5864	639	580	20
云　南	129	247	11201	997	997	36
西　藏	74	65	1185	143	209	14
陕　西	99	134	3069	181	614	14
甘　肃	80	78	2305	154	547	17
青　海	24	13	661	54	96	13
宁　夏	19	27	633	78	105	1
新　疆	86	52	790	88	365	31

注：本表数据不含北京、天津和上海地区。

3–6 续表 1

地　区	直属单位从业人员（人）	举办干部教育培训班次（期）	干部教育培训人数（人）	学会数（学会、协会、研究会）（个）	企业科协（个）	个人会员（人）
合　计	**3955**	**1582**	**358026**	**21629**	**10563**	**737210**
河　北	504	65	11568	461	162	6594
山　西	151	42	19552	650	114	10481
内蒙古	68	75	15909	683	101	14038
辽　宁	63	75	10459	679	229	30606
吉　林	235	8	674	232	27	902
黑龙江	42	50	24477	940	137	13659
江　苏	165	101	7471	1340	2982	162867
浙　江	191	78	4819	1580	1288	84174
安　徽	67	93	13061	886	290	14975
福　建	137	30	1136	1209	1398	95422
江　西	78	24	1773	839	79	4424
山　东	237	90	14199	1358	1095	87140
河　南	397	94	20353	1582	333	18866
湖　北	254	85	8780	868	609	40046
湖　南	230	84	33186	1160	190	26345
广　东	120	42	5642	903	183	14319
广　西	112	35	5880	435	80	5620
海　南	17	13	5481	74	0	0
重　庆	8	12	1086	152	56	1806
四　川	160	90	13997	2179	564	60433
贵　州	66	47	57244	691	109	5736
云　南	118	98	19947	994	172	13398
西　藏	144	23	1206	12	1	20
陕　西	74	96	21022	834	149	10098
甘　肃	67	27	7538	585	134	10747
青　海	109	9	365	14	2	97
宁　夏	3	60	18583	103	51	3594
新　疆	138	36	12618	186	28	803

3-6 续表 2

地 区	高等院校科协（个）	个人会员（人）	街道科协（社区科协）（个）	个人会员（人）	乡镇科协（个）	个人会员（人）
合 计	**79**	**14729**	**10616**	**572691**	**20416**	**1348206**
河 北	5	281	216	6583	1040	42528
山 西	0	0	390	17315	720	47189
内蒙古	2	450	347	13570	416	12432
辽 宁	2	1500	681	30387	774	47402
吉 林	0	0	267	11001	287	11497
黑龙江	0	0	418	22278	443	53117
江 苏	11	3044	1548	47902	771	67200
浙 江	6	502	766	32205	848	59126
安 徽	0	0	505	15695	991	67060
福 建	4	225	176	8895	925	38901
江 西	2	58	191	16713	1077	52981
山 东	12	1014	706	53956	1197	108216
河 南	6	156	609	90995	1309	165026
湖 北	5	940	664	59348	688	83702
湖 南	6	1306	439	32020	970	152322
广 东	5	1301	440	23444	672	34599
广 西	0	0	126	2344	474	29456
海 南	0	0	22	1168	68	5348
重 庆	0	0	33	1706	352	10807
四 川	8	3240	612	22531	2945	120197
贵 州	0	0	212	13245	697	25235
云 南	1	150	325	18371	918	31195
西 藏	0	0	0	0	0	0
陕 西	0	0	388	17435	809	36282
甘 肃	2	312	229	7143	637	35042
青 海	0	0	18	322	49	2673
宁 夏	1	150	64	2543	126	2560
新 疆	1	100	224	3576	213	6113

3–6 续表 3

地 区	农技协			科普专职人员（人）	科普兼职人员（人）	注册科普志愿者（人）
	个 数（个）	# 民政部门注册（个）	个人会员（人）			
合 计	**66062**	**30419**	**10134688**	**43217**	**361978**	**947496**
河 北	1670	716	287073	1046	9670	9251
山 西	1316	644	88895	3514	13584	18750
内蒙古	1351	763	256589	1233	11691	10157
辽 宁	3280	845	306186	652	6949	39084
吉 林	1188	610	142539	2745	7214	13499
黑龙江	3298	813	436498	607	3695	4662
江 苏	2849	1325	472738	5366	45169	403912
浙 江	1164	636	110545	945	62284	63207
安 徽	2388	1519	562574	1765	13209	30706
福 建	1739	832	141621	667	10685	22480
江 西	1875	813	154987	752	5086	6647
山 东	5726	2439	896534	2925	25523	47209
河 南	6175	2088	754602	3071	18793	24689
湖 北	2342	1303	410593	4529	14922	30777
湖 南	2434	1423	492416	2152	28050	62788
广 东	952	375	101867	551	7987	19944
广 西	1468	1161	286359	845	10443	5123
海 南	239	110	21849	101	628	3786
重 庆	565	345	42750	85	2047	494
四 川	7883	2931	2297092	4145	30775	45842
贵 州	2464	1056	226421	772	5960	9039
云 南	6141	3015	683215	1458	8407	21996
西 藏	84	57	4821	56	312	8
陕 西	3001	1796	320544	1307	10338	21485
甘 肃	2989	1778	427903	1245	3514	23429
青 海	179	145	38272	48	469	431
宁 夏	407	330	74783	80	1491	5850
新 疆	895	551	94422	555	3083	2251

3-7 2017年各地区省级学会组织建设

地　区	理事会理事（人）	#常务理事（人）	#女性理事（人）	#中青年科技工作者（人）
合　计	**236713**	**83331**	**43892**	**85563**
北　京	10440	3352	2559	3537
天　津	6170	1434	1607	2704
河　北	9501	3379	2121	3699
山　西	11112	3817	2101	3739
内蒙古	5177	1920	1276	1665
辽　宁	9036	3103	2169	2112
吉　林	10850	3829	2348	3917
黑龙江	4125	1360	1242	1825
上　海	8771	2548	1821	2519
江　苏	9735	3420	1568	4558
浙　江	9789	3698	1579	3818
安　徽	12565	4688	1977	4824
福　建	11645	4221	2023	2829
江　西	7343	2596	1316	2767
山　东	9633	3342	1645	3250
河　南	10262	3789	1597	2589
湖　北	11890	3672	1877	4373
湖　南	12861	4918	2065	4452
广　东	13078	4787	2029	3844
广　西	8076	2889	1598	2491
海　南	2013	719	277	467
重　庆	7496	2701	1365	2919
四　川	6295	2262	907	2025
贵　州	4299	1590	717	1253
云　南	4006	1379	712	6412
西　藏	1734	744	312	530
陕　西	7546	2936	1266	2877
甘　肃	1676	525	156	636
青　海	1298	491	181	369
宁　夏	2628	946	470	1039
新　疆	5663	2276	1011	1524

3-7 续表 1

地 区	学会个人会员（人）	# 女性会员（人）	# 高级（资深）会员（人）	# 学生会员（人）	# 外籍会员（人）	# 港、澳、台会员（人）	# 交纳会费会员（人）	# 党员会员（人）	# 赞助会员（人）
合 计	**7566297**	**2489193**	**966795**	**261066**	**1020**	**1049**	**1817017**	**1884577**	**5624**
北 京	307061	175974	65230	13599	59	25	136007	86885	387
天 津	136942	57435	18768	6546	8	2	43438	41120	130
河 北	185112	83862	40336	4715	22	11	57149	28247	45
山 西	734953	254833	14565	6045	15	8	45158	50158	35
内蒙古	83025	32312	13646	2870	2	0	7469	42584	22
辽 宁	231445	89612	18035	12777	208	55	53485	46193	49
吉 林	969993	64740	17395	11215	6	25	33502	207854	107
黑龙江	189626	42840	43999	6701	2	5	12484	89694	6
上 海	288766	126980	47831	12230	158	238	181791	92251	90
江 苏	431093	189448	151774	43074	50	55	223113	104940	1370
浙 江	235037	109355	26917	8771	53	40	88621	71610	22
安 徽	203128	66551	34292	22515	28	18	42796	75339	109
福 建	239007	97917	35620	16564	14	22	118296	79068	20
江 西	234644	108539	37468	2815	4	0	29951	55557	50
山 东	320901	134956	33482	12021	13	21	64947	120301	56
河 南	291811	106719	35031	6060	0	0	67500	116960	315
湖 北	163193	35618	21314	8256	9	6	12199	39262	32
湖 南	465279	127192	96171	7959	47	25	102174	171776	29
广 东	597177	255363	50535	13218	107	342	158754	64793	1132
广 西	138954	68492	14696	3011	24	53	66746	51830	51
海 南	31464	15807	2348	1819	0	1	15436	1451	11
重 庆	105011	39638	20758	6460	1	5	64351	35153	1396
四 川	168071	33537	21958	5817	3	13	43043	35727	7
贵 州	46011	15416	10155	1112	3	3	4908	16208	3
云 南	125015	34864	24566	663	0	0	39459	47016	0
西 藏	9782	3103	880	174	0	0	137	2575	18
陕 西	206913	60390	46948	17359	12	0	48790	75913	115
甘 肃	26155	6021	9053	2693	117	0	11142	6780	0
青 海	28742	14699	2481	386	7	0	13636	5075	0
宁 夏	44875	20971	6999	1965	17	55	8616	12995	10
新 疆	327111	16009	3544	1656	31	21	21919	9262	7

3-7 续表 2

地 区	学会从业人员(人)	#女性从业人员(人)	#社会聘用人员(人)	学会团体会员(人)	科普专职人员(人)	#中级职称以上或者大学本科以上学历人员(人)	科普兼职人员(人)	#中级职称以上或者大学本科以上学历人员(人)	注册科普志愿者(人)
合 计	**39047**	**13803**	**6502**	**227644**	**19907**	**15731**	**183230**	**157444**	**137538**
北 京	1069	551	454	10109	709	625	6145	5830	658
天 津	1209	362	117	5032	57	54	1743	1624	1630
河 北	5700	1385	128	48163	305	180	1906	1606	2057
山 西	455	193	114	9251	113	106	1757	1738	155
内蒙古	353	137	142	2613	519	475	17478	14959	513
辽 宁	498	240	125	4762	142	110	1189	1127	2630
吉 林	9283	1610	548	6489	259	254	1498	1251	293
黑龙江	1172	564	26	3813	152	148	3331	3269	142
上 海	891	500	418	14914	99	91	1205	1134	90
江 苏	4725	2714	1493	8958	2487	970	64693	56874	23460
浙 江	585	304	280	11787	218	206	2469	2400	2232
安 徽	1004	406	140	4994	359	336	3627	3504	288
福 建	465	220	193	9798	150	122	2902	2667	1472
江 西	826	269	101	3921	119	96	1924	1871	271
山 东	678	301	225	4786	116	96	5772	3292	1233
河 南	413	159	110	8222	1025	746	1809	1634	2245
湖 北	764	269	91	5537	474	421	3872	3647	614
湖 南	1095	427	131	6534	143	131	5001	4969	20401
广 东	1028	460	408	12107	2393	2360	4845	4708	1001
广 西	1292	419	169	4722	152	125	4610	4556	8
海 南	324	105	65	2688	14	11	346	338	10
重 庆	540	254	168	7604	174	153	5203	4723	1310
四 川	713	347	166	4859	69	63	2610	2418	193
贵 州	603	250	70	2126	92	87	1102	942	330
云 南	436	191	196	8454	918	913	1525	1315	4141
西 藏	281	107	8	743	2	2	740	577	22
陕 西	439	204	118	4237	180	159	859	817	64684
甘 肃	384	85	84	963	103	101	6810	4789	198
青 海	92	36	34	622	8128	6369	8437	6467	2280
宁 夏	1020	513	68	2691	136	130	14563	9526	2098
新 疆	710	221	112	6145	100	91	3259	2872	879

四、为科技工作者服务

简要说明

本篇统计资料为：

1. 汇总数据，反映中国科协、地方科协、全国学会、省级学会为科技工作者服务的基本情况。

2. 省级科协、副省级城市科协、省会城市科协的统计数据为本年度向省部级（含）以上科技奖项、人才计划（工程）举荐人才、设立科技奖项、表彰奖励科技工作者、开展科学道德与学风建设宣讲活动、举办继续教育培训班、通过媒体宣传科技工作者等情况。

3. 地级科协的统计数据为本年度向省部级（含）以上科技奖项、人才计划（工程）举荐人才、设立科技奖项、表彰奖励科技工作者、举办继续教育培训班、通过媒体宣传科技工作者等情况。

4. 县级科协的统计数据为本年度向省部级（含）以上科技奖项、人才计划（工程）举荐人才、设立科技奖项、表彰奖励科技工作者、通过媒体宣传科技工作者等情况。

5. 省级学会的统计数据为本年度向省部级（含）以上科技奖项、人才计划（工程）举荐人才、表彰奖励科技工作者、举办继续教育培训班、通过媒体宣传科技工作者等情况。

4-1 2017年各级科协为科技工作者服务汇总表

指标		科协合计		中国科协机关及直属单位		省级科协	
		2016年	2017年	2016年	2017年	2016年	2017年
向省部级（含）以上科技奖项、人才计划（工程）举荐人才数	（人次）	6703	5773	220	0	485	647
向省部级（含）以上科技奖项推荐项目数	（项）	3316	2293	28	4	14	29
所设科技奖项数	（个）	1399	1582	—	—	46	55
表彰奖励科技工作者	（人次）	130313	115766	2478	793	6285	5592
# 女性科技工作者	（人次）	39684	33638	392	254	1042	1777
# 40岁以下科技工作者	（人次）	55458	49829	486	13	1717	2300
科学道德与学风建设宣讲活动	（场次）	9951	1924	4	—	2897	63
宣讲活动受众人数	（万人次）	195.15	315.17	0.80	—	41.82	44.98
参加科学道德与学风建设宣讲专家数	（人次）	12687	20600	4	—	1030	5782
继续教育（培训）班	（场次）	18506	8353	6	28	306	210
继续教育（培训）人数	（万人次）	314.76	208.80	0.06	6.43	1.81	1.87
通过媒体宣传科技工作者	（人次）	33131	539079	1112	1173	3082	15094
# 中央媒体宣传科技工作者	（人次）	4773	10240	844	253	78	126
# 省级媒体宣传科技工作者	（人次）	18563	20050	168	—	2705	4464
# 电视宣传科技工作者	（人次）	3021	60702	176	30	178	999
# 纸质媒体宣传科技工作者	（人次）	11730	371944	408	140	1212	3358
# 网络与新媒体宣传科技工作者	（人次）	17542	102048	528	1033	1177	8331

4-1 续表

指标		副省级城市科协、省会城市科协		地级科协		县级科协	
		2016年	2017年	2016年	2017年	2016年	2017年
向省部级（含）以上科技奖项、人才计划（工程）举荐人才数	（人次）	81	199	612	578	700	519
向省部级（含）以上科技奖项推荐项目数	（项）	13	2	470	174	386	313
所设科技奖项数	（个）	0	1	4	63	15	122
表彰奖励科技工作者	（人次）	673	604	13343	11647	30314	23276
# 女性科技工作者	（人次）	215	210	4512	4214	9747	7461
# 40岁以下科技工作者	（人次）	306	243	5528	5663	13326	10602
科学道德与学风建设宣讲活动	（场次）	20	9	572	112	4568	933
宣讲活动受众人数	（万人次）	0.96	0.31	8.99	4.61	100.90	118.17
参加科学道德与学风建设宣讲专家数	（人次）	21	101	276	780	6655	5041
继续教育（培训）班	（场次）	538	57	1660	640	2306	992
继续教育（培训）人数	（万人次）	9.58	4.19	25.51	9.56	27.28	25.66
通过媒体宣传科技工作者	（人次）	202	1768	2144	6283	3537	227693
# 中央媒体宣传科技工作者	（人次）	7	137	34	30	158	74
# 省级媒体宣传科技工作者	（人次）	131	286	912	598	1341	910
# 电视宣传科技工作者	（人次）	5	170	418	969	819	53469
# 纸质媒体宣传科技工作者	（人次）	139	803	674	2550	1174	117609
# 网络与新媒体宣传科技工作者	（人次）	52	711	1073	3969	1263	57742

4-2　2017 年全国学会、省级学会为科技工作者服务汇总表

指　　标		学会合计		全国学会		省级学会	
		2016 年	2017 年	2016 年	2017 年	2016 年	2017 年
向省部级（含）以上科技奖项、人才计划（工程）举荐人才数	（人次）	4605	3830	1009	1039	3596	2791
向省部级（含）以上科技奖项推荐项目数	（项）	2405	1771	437	274	1968	1497
所设科技奖项数	（个）	1334	1341	299	406	1035	935
表彰奖励科技工作者	（人次）	77220	73854	21861	25060	55359	48794
# 女性科技工作者	（人次）	23776	19722	5325	5280	18451	14442
# 40 岁以下科技工作者	（人次）	34095	31008	9791	8791	24304	22217
科学道德与学风建设宣讲活动	（场次）	1890	807	261	149	1629	658
宣讲活动受众人数	（万人次）	41.67	147.11	5.45	3.68	36.23	143.43
参加科学道德与学风建设宣讲专家数	（人次）	4701	8896	792	1760	3909	7136
继续教育（培训）班	（场次）	13690	6426	1843	1474	11847	4952
继续教育（培训）人数	（万人次）	250.51	161.08	32.28	27.33	218.23	133.74
通过媒体宣传科技工作者	（人次）	23054	287068	8751	246340	14303	40728
# 中央媒体宣传科技工作者	（人次）	3652	9620	3150	8941	502	679
# 省级媒体宣传科技工作者	（人次）	13306	13792	2678	7190	10628	6602
# 电视宣传科技工作者	（人次）	1425	5065	207	1905	1218	3160
# 纸质媒体宣传科技工作者	（人次）	8123	247484	3022	233887	5101	13597
# 网络与新媒体宣传科技工作者	（人次）	13449	30262	5450	11583	7999	18679

4-3 2017年各省级科协为科技工作者服务

地区	向省部级（含）以上科技奖项、人才计划（工程）举荐人才数（人次）	向省部级（含）以上科技奖项推荐项目数（项）	所设科技奖项数（个）	表彰奖励科技工作者（人次）	# 女性科技工作者（人次）	# 40岁以下科技工作者（人次）
合计	**647**	**29**	**55**	**5592**	**1777**	**2300**
北京	6	2	2	349	97	344
天津	40	0	11	114	73	74
河北	30	0	2	119	33	41
山西	1	0	2	125	25	23
内蒙古	46	3	2	50	11	38
辽宁	0	0	4	44	10	44
吉林	30	0	2	145	56	44
黑龙江	19	0	1	30	7	28
上海	0	0	0	12	7	0
江苏	58	6	2	135	24	66
浙江	32	2	0	0	0	0
安徽	33	0	0	20	3	17
福建	21	0	5	121	30	81
江西	100	0	0	0	0	0
山东	49	3	4	83	36	47
河南	37	1	2	3455	1089	1128
湖北	34	0	0	50	0	0
湖南	0	0	2	18	5	11
广东	0	0	0	0	0	0
广西	0	0	0	30	4	2
海南	0	0	0	0	0	0
重庆	24	0	0	0	0	0
四川	0	0	0	50	7	9
贵州	32	4	2	30	8	30
云南	4	0	1	53	34	28
西藏	1	2	1	23	6	13
陕西	35	0	1	0	0	0
甘肃	1	0	0	0	0	0
青海	0	0	0	39	16	20
宁夏	3	3	3	380	163	126
新疆	11	3	6	117	33	86
新疆生产建设兵团	0	0	0	0	0	0

4-3 续表 1

地　区	科学道德与学风建设宣讲活动（场次）	宣讲活动受众人数（人次）	参加科学道德与学风建设宣讲专家数（人次）	继续教育（培训）班（场次）	继续教育（培训）人数（人次）
合　计	**63**	**449823**	**5782**	**210**	**18749**
北　京	2	400	4	42	2666
天　津	2	550	4	26	4084
河　北	2	1050	57	0	0
山　西	6	2120	9	15	738
内蒙古	1	1000	20	3	166
辽　宁	2	69192	4	0	0
吉　林	1	130	3	6	980
黑龙江	1	110000	3	0	0
上　海	2	800	6	8	2476
江　苏	2	1500	3	4	578
浙　江	3	1500	3	0	0
安　徽	1	100000	5000	0	0
福　建	6	2250	8	5	900
江　西	2	700	3	0	0
山　东	4	1200	260	2	270
河　南	0	0	0	2	300
湖　北	1	1700	2	0	0
湖　南	11	20447	15	8	2800
广　东	0	0	0	0	0
广　西	1	10000	3	0	0
海　南	1	500	20	0	0
重　庆	2	87000	303	0	0
四　川	2	240	5	0	0
贵　州	1	1300	1	0	0
云　南	3	980	4	56	556
西　藏	0	0	0	3	145
陕　西	2	34564	39	1	363
甘　肃	0	0	0	0	0
青　海	0	0	0	0	0
宁　夏	0	0	0	26	1476
新　疆	2	700	3	3	251
新疆生产建设兵团	0	0	0	0	0

4-3 续表 2

地区	通过媒体宣传科技工作者（人次）	# 中央媒体宣传科技工作者（人次）	# 省级媒体宣传科技工作者（人次）	# 电视宣传科技工作者（人次）	# 纸质媒体宣传科技工作者（人次）	# 网络与新媒体宣传科技工作者（人次）
合计	**15094**	**126**	**4464**	**999**	**3358**	**8331**
北京	742	12	641	60	251	431
天津	124	3	121	25	30	69
河北	4075	5	314	300	314	3156
山西	336	0	148	0	221	115
内蒙古	535	0	0	51	51	533
辽宁	83	30	53	39	53	30
吉林	88	4	94	14	44	43
黑龙江	0	0	0	0	0	0
上海	315	15	90	30	90	90
江苏	7013	0	2004	337	1621	2955
浙江	83	0	14	10	48	17
安徽	0	0	0	0	0	0
福建	346	23	163	25	119	206
江西	83	0	16	6	41	36
山东	493	10	215	7	75	268
河南	29	1	8	0	0	23
湖北	11	0	11	0	11	0
湖南	94	2	23	9	14	36
广东	0	0	0	0	0	0
广西	115	0	38	0	44	71
海南	26	0	34	34	0	34
重庆	70	16	54	5	55	10
四川	45	0	45	1	36	8
贵州	68	3	65	32	3	33
云南	76	2	74	4	15	57
西藏	5	0	0	0	0	5
陕西	220	0	220	8	222	105
甘肃	0	0	0	0	0	0
青海	17	0	17	0	0	0
宁夏	2	0	2	2	0	0
新疆	0	0	0	0	0	0
新疆生产建设兵团	0	0	0	0	0	0

4-4　2017 年各副省级城市科协、省会城市科协为科技工作者服务

城　　市	向省部级（含）以上科技奖项、人才计划（工程）举荐人才数（人次）	向省部级（含）以上科技奖项推荐项目数（项）	所设科技奖项数（个）	表彰奖励科技工作者（人次）	# 女性科技工作者（人次）	# 40 岁以下科技工作者（人次）
合　　计	**199**	**2**	**1**	**589**	**207**	**228**
副省级城市小计	**50**	**0**	**0**	**15**	**1**	**15**
宁　　波 *	3	0	0	0	0	0
厦　　门 *	3	0	0	0	0	0
深　　圳 *	14	0	0	0	0	0
青　　岛 *	12	0	0	0	0	0
大　　连 *	18	0	0	15	1	15
省会城市小计	**149**	**2**	**1**	**574**	**206**	**213**
石 家 庄	0	0	0	0	0	0
太　　原	6	0	0	0	0	0
呼和浩特	4	0	0	37	16	23
沈　　阳 *	0	0	0	121	41	27
长　　春 *	0	0	0	0	0	0
哈 尔 滨 *	0	0	0	0	0	0
南　　京 *	19	0	0	102	33	24
杭　　州 *	3	0	0	0	0	0
合　　肥	0	0	0	0	0	0
福　　州	18	0	0	20	3	20
南　　昌	21	0	0	0	0	0
济　　南 *	8	0	0	63	29	24
郑　　州	45	0	0	0	0	0
武　　汉 *	0	0	0	0	0	0
长　　沙	0	0	0	0	0	0
广　　州 *	9	2	1	77	24	45
南　　宁	2	0	0	89	44	40
海　　口	0	0	0	0	0	0
成　　都 *	1	0	0	0	0	0
贵　　阳	4	0	0	0	0	0
昆　　明	0	0	0	0	0	0
拉　　萨	0	0	0	0	0	0
西　　安 *	8	0	0	10	1	2
兰　　州	1	0	0	40	12	4
西　　宁	0	0	0	0	0	0
银　　川	0	0	0	15	3	4
乌鲁木齐	0	0	0	0	0	0

注：本表中城市（包括省会城市）名称后带“*”的为副省级城市。

4-4 续表 1

城　市	科学道德与学风建设宣讲活动（场次）	宣讲活动受众人数（人次）	参加科学道德与学风建设宣讲专家数（人次）	继续教育（培训）班（场次）	继续教育（培训）人数（人次）
合　计	**8**	**2870**	**45**	**57**	**41932**
副省级城市小计	**5**	**2000**	**21**	**21**	**14536**
宁　波 *	0	0	0	13	13040
厦　门 *	0	0	0	0	0
深　圳 *	5	2000	21	4	1231
青　岛 *	0	0	0	0	0
大　连 *	0	0	0	4	265
省会城市小计	**3**	**870**	**24**	**36**	**27396**
石家庄	0	0	0	0	0
太　原	1	120	3	0	0
呼和浩特	0	0	0	0	0
沈　阳 *	0	0	0	0	0
长　春 *	0	0	0	0	0
哈尔滨 *	0	0	0	12	2330
南　京 *	0	0	0	0	0
杭　州 *	0	0	0	3	390
合　肥	0	0	0	0	0
福　州	0	0	0	3	160
南　昌	0	0	0	0	0
济　南 *	0	0	0	0	0
郑　州	0	0	0	0	0
武　汉 *	0	0	0	0	0
长　沙	0	0	0	0	0
广　州 *	0	0	0	2	203
南　宁	0	0	0	0	0
海　口	0	0	0	0	0
成　都 *	0	0	0	0	0
贵　阳	1	720	1	1	60
昆　明	1	30	20	11	1171
拉　萨	0	0	0	0	0
西　安 *	0	0	0	4	23082
兰　州	0	0	0	0	0
西　宁	0	0	0	0	0
银　川	0	0	0	0	0
乌鲁木齐	0	0	0	0	0

4–4 续表 2

城 市	通过媒体宣传科技工作者（人次）	# 中央媒体宣传科技工作者（人次）	# 省级媒体宣传科技工作者（人次）	# 电视宣传科技工作者（人次）	# 纸质媒体宣传科技工作者（人次）	# 网络与新媒体宣传科技工作者（人次）
合 计	**1753**	**137**	**286**	**170**	**788**	**696**
副省级城市小计	**544**	**0**	**168**	**43**	**323**	**236**
宁 波＊	73	0	3	0	30	40
厦 门＊	10	0	0	0	10	10
深 圳＊	50	0	30	15	30	50
青 岛＊	405	0	135	22	247	136
大 连＊	6	0	0	6	6	0
省会城市小计	**1209**	**137**	**118**	**127**	**465**	**460**
石 家 庄	0	0	0	0	0	0
太 原	56	7	9	14	12	14
呼和浩特	8	0	0	0	0	8
沈 阳＊	101	0	5	4	32	60
长 春＊	0	0	0	0	0	0
哈 尔 滨＊	3	0	0	3	0	0
南 京＊	38	0	5	3	6	17
杭 州＊	30	0	30	0	12	12
合 肥	56	10	4	8	56	56
福 州	0	0	0	0	0	0
南 昌	60	0	0	20	20	20
济 南＊	0	0	0	0	0	0
郑 州	3	0	0	0	1	1
武 汉＊	569	106	21	60	270	112
长 沙	0	0	0	0	0	0
广 州＊	160	13	36	12	24	75
南 宁	6	0	0	0	6	0
海 口	0	0	0	0	0	0
成 都＊	13	1	3	0	5	8
贵 阳	2	0	0	0	2	0
昆 明	35	0	0	0	0	35
拉 萨	3	0	0	0	1	2
西 安＊	7	0	0	0	7	0
兰 州	0	0	0	0	0	0
西 宁	14	0	4	0	5	5
银 川	45	0	1	3	6	35
乌鲁木齐	0	0	0	0	0	0

4–5 2017年各地区地级科协为科技工作者服务

地 区	向省部级（含）以上科技奖项、人才计划（工程）举荐人才数（人次）	向省部级（含）以上科技奖项推荐项目数（项）	所设科技奖项数（个）	表彰奖励科技工作者（人次）	# 女性科技工作者（人次）	# 40岁以下科技工作者（人次）
合 计	**578**	**174**	**63**	**11647**	**4214**	**5663**
北 京	24	1	1	281	141	81
天 津	48	8	1	400	227	307
河 北	25	5	0	88	27	30
山 西	7	1	0	329	105	116
内 蒙 古	13	4	4	282	91	60
辽 宁	20	6	7	428	142	208
吉 林	7	1	0	112	42	61
黑 龙 江	8	0	4	154	50	76
上 海	20	38	0	578	150	399
江 苏	87	38	4	705	262	282
浙 江	5	2	2	329	66	122
安 徽	51	2	1	221	79	110
福 建	20	0	1	12	1	4
江 西	17	0	0	200	40	72
山 东	25	8	7	2295	940	946
河 南	27	2	10	1954	754	1263
湖 北	15	4	2	140	18	23
湖 南	7	1	3	188	27	112
广 东	12	9	0	377	182	200
广 西	24	2	0	500	220	279
海 南	2	0	0	0	0	0
重 庆	2	0	0	437	120	151
四 川	19	10	3	152	37	44
贵 州	11	0	0	23	9	14
云 南	1	4	1	970	330	467
西 藏	9	2	1	9	0	4
陕 西	9	3	6	133	35	56
甘 肃	2	1	2	250	70	135
青 海	2	1	1	0	0	0
宁 夏	15	0	0	29	8	11
新 疆	0	0	1	32	10	7
新疆生产建设兵团	44	21	1	39	31	23

4-5 续表 1

地区	科学道德与学风建设宣讲活动（场次）	宣讲活动受众人数（人次）	参加科学道德与学风建设宣讲专家数（人次）	继续教育（培训）班（场次）	继续教育（培训）人数（人次）
合计	**112**	**46058**	**780**	**640**	**95597**
北京	0	0	0	0	0
天津	3	950	15	0	0
河北	2	410	5	6	7040
山西	2	250	3	3	245
内蒙古	4	255	5	0	0
辽宁	2	530	36	39	2967
吉林	1	1200	3	0	0
黑龙江	1	95	5	0	0
上海	0	0	0	266	39705
江苏	2	1550	42	139	16359
浙江	4	930	7	48	7313
安徽	0	0	0	8	1715
福建	0	0	0	0	0
江西	8	270	2	3	181
山东	2	600	130	14	2179
河南	12	5821	86	3	135
湖北	3	560	19	0	0
湖南	9	4650	82	1	129
广东	6	1645	63	64	7682
广西	0	0	0	0	0
海南	1	1000	5	0	0
重庆	0	0	0	0	0
四川	8	801	49	16	3203
贵州	24	5735	163	7	642
云南	3	5230	26	4	844
西藏	1	300	1	0	0
陕西	0	0	0	5	2400
甘肃	7	11480	14	3	2290
青海	1	1000	5	0	0
宁夏	0	0	0	1	60
新疆	0	0	0	0	0
新疆生产建设兵团	6	796	14	10	508

4–5 续表 2

地　区	通过媒体宣传科技工作者（人次）	# 中央媒体宣传科技工作者（人次）	# 省级媒体宣传科技工作者（人次）	# 电视宣传科技工作者（人次）	# 纸质媒体宣传科技工作者（人次）	# 网络与新媒体宣传科技工作者（人次）
合　计	**6283**	**30**	**598**	**969**	**2550**	**3969**
北　京	101	0	23	26	30	45
天　津	26	0	8	12	22	24
河　北	119	0	12	7	73	50
山　西	1098	0	11	47	70	981
内 蒙 古	85	0	0	21	30	65
辽　宁	252	1	7	65	133	120
吉　林	13	2	3	3	3	2
黑 龙 江	164	0	50	58	115	141
上　海	149	1	61	20	108	73
江　苏	963	0	154	124	529	624
浙　江	140	0	9	34	106	54
安　徽	516	1	12	25	341	231
福　建	456	12	78	32	65	281
江　西	67	0	0	16	30	41
山　东	621	0	27	154	190	281
河　南	127	0	1	15	51	72
湖　北	176	0	21	27	54	95
湖　南	219	0	12	72	136	200
广　东	130	0	17	29	59	79
广　西	133	0	10	21	39	74
海　南	1	0	0	1	0	0
重　庆	123	0	30	13	74	44
四　川	126		5	40	64	92
贵　州	113	4	5	20	21	72
云　南	55	2	3	19	17	27
西　藏	20	3	0	10	2	5
陕　西	102	1	17	24	50	60
甘　肃	85	0	0	6	17	75
青　海	5	0	0	0	5	0
宁　夏	44	0	2	7	31	35
新　疆	3	0	0	3	3	3
新疆生产建设兵团	51	3	20	18	82	23

4-6　2017年各地区县级科协为科技工作者服务

地　区	向省部级（含）以上科技奖项、人才计划（工程）举荐人才数（人次）	向省部级（含）以上科技奖项推荐项目数（项）	所设科技奖项数（个）	表彰奖励科技工作者（人次）	#女性科技工作者（人次）	#40岁以下科技工作者（人次）
合　计	**1219**	**699**	**137**	**53590**	**17208**	**23928**
河　北	36	15	15	1166	365	456
山　西	25	29	2	1135	426	441
内蒙古	23	45	0	1135	432	380
辽　宁	18	11	4	1518	556	618
吉　林	8	3	0	990	418	535
黑龙江	6	5	0	894	263	450
江　苏	116	93	6	6137	1663	2727
浙　江	57	34	7	2882	769	1216
安　徽	39	30	6	2726	957	1610
福　建	18	8	2	906	270	421
江　西	29	12	3	874	205	327
山　东	49	41	1	6607	2301	3173
河　南	313	73	16	5743	2096	2574
湖　北	45	60	13	3140	887	1223
湖　南	40	69	13	2951	936	1148
广　东	77	6	0	1353	444	550
广　西	8	9	5	1097	458	454
海　南	20	5	0	390	159	242
重　庆	1	0	0	167	51	76
四　川	33	18	6	3810	1074	1550
贵　州	26	15	8	1134	389	514
云　南	18	22	8	1040	312	432
西　藏	18	8	1	127	18	96
陕　西	114	23	8	1824	577	781
甘　肃	12	21	2	1932	610	705
青　海	11	2	1	194	55	87
宁　夏	27	11	2	343	169	426
新　疆	32	31	8	1375	348	716

注：本表数据不含北京、天津和上海地区。

4-6 续表 1

地 区	科学道德与学风建设宣讲活动（场次）	宣讲活动受众人数（人次）	参加科学道德与学风建设宣讲专家数（人次）	继续教育（培训）班（场次）	继续教育（培训）人数（人次）
合 计	**5501**	**2190692**	**11696**	**3298**	**529436**
河 北	68	25360	107	28	4470
山 西	98	31085	124	79	15007
内蒙古	250	69001	330	41	4900
辽 宁	153	53195	193	210	21130
吉 林	12	14092	25	11	641
黑龙江	119	45360	258	36	3696
江 苏	20	12931	122	19	17010
浙 江	181	28404	138	1627	195059
安 徽	28	84856	307	22	2756
福 建	76	7340	105	147	20042
江 西	140	69408	165	42	6504
山 东	12	6903	122	10	986
河 南	306	188737	700	117	69131
湖 北	147	43034	405	111	12144
湖 南	207	120626	418	219	48665
广 东	30	6645	48	42	4194
广 西	3	593	9	1	5
海 南	31	33896	63	47	11860
重 庆	0	0	0	6	520
四 川	243	256546	3222	90	10407
贵 州	172	46741	570	56	5279
云 南	115	18454	278	60	17893
西 藏	218	20748	540	32	7450
陕 西	116	105129	2559	58	10662
甘 肃	583	157072	251	114	30893
青 海	48	12106	39	35	1794
宁 夏	51	22115	268	23	2239
新 疆	2074	710315	330	15	4099

4-6 续表 2

地 区	通过媒体宣传科技工作者（人次）	# 中央媒体宣传科技工作者（人次）	# 省级媒体宣传科技工作者（人次）	# 电视宣传科技工作者（人次）	# 纸质媒体宣传科技工作者（人次）	# 网络与新媒体宣传科技工作者（人次）
合 计	**231230**	**232**	**2251**	**54288**	**118783**	**59005**
河 北	380	1	37	64	644	104
山 西	1122	5	13	114	785	262
内蒙古	408	0	17	142	119	169
辽 宁	149	0	6	53	95	104
吉 林	62	0	1	18	22	43
黑龙江	315	2	11	102	205	30
江 苏	2097	39	364	450	539	715
浙 江	1271	18	203	206	567	563
安 徽	1270	19	417	380	609	528
福 建	493	0	28	114	96	180
江 西	292	3	45	79	63	163
山 东	1526	40	185	336	483	852
河 南	663	14	75	154	219	250
湖 北	621	7	57	167	218	327
湖 南	537	8	116	179	195	295
广 东	145	0	0	65	45	114
广 西	319	0	70	54	139	128
海 南	27	3	4	8	14	8
重 庆	12	0	2	10	10	12
四 川	2669	8	160	531	630	1234
贵 州	705	20	250	162	153	218
云 南	12490	9	31	394	110	7120
西 藏	12125	1	2	25	12246	5048
陕 西	549	17	72	166	200	209
甘 肃	190466	3	13	50160	100250	40120
青 海	33	0	0	0	0	33
宁 夏	174	1	1	8	96	72
新 疆	310	14	71	147	31	104

4−7 2017年各地区省级学会为科技工作者服务

地　区	向省部级（含）以上科技奖项、人才计划（工程）举荐人才数（人次）	向省部级（含）以上科技奖项推荐项目数（项）	所设科技奖项数（个）	表彰奖励科技工作者（人次）	# 女性科技工作者（人次）	# 40岁以下科技工作者（人次）
合　计	**6387**	**3465**	**1970**	**104153**	**32893**	**46521**
北　京	139	58	40	2972	1148	1827
天　津	128	52	45	3255	1167	1899
河　北	143	59	132	1366	402	806
山　西	69	36	34	1679	547	554
内蒙古	196	160	23	962	448	337
辽　宁	416	266	93	6344	2273	4121
吉　林	181	85	47	9502	4411	2415
黑龙江	134	72	62	735	271	315
上　海	262	168	95	5025	2182	2401
江　苏	600	408	247	7747	2241	3212
浙　江	381	118	81	5379	895	1728
安　徽	250	112	70	1112	208	444
福　建	214	143	94	2817	799	1282
江　西	130	78	69	1402	413	594
山　东	226	196	101	7621	2688	3683
河　南	262	111	64	3534	1063	2022
湖　北	221	136	64	2506	773	1497
湖　南	540	136	97	5308	1566	2728
广　东	383	191	42	4421	1238	2264
广　西	158	107	25	9128	1859	3940
海　南	28	7	14	233	155	150
重　庆	176	63	45	2123	670	922
四　川	229	217	79	2530	731	1033
贵　州	167	59	65	2252	648	739
云　南	53	50	49	3117	877	1826
西　藏	38	11	3	62	17	34
陕　西	263	151	94	5415	861	592
甘　肃	45	59	18	356	86	256
青　海	37	32	19	1256	901	896
宁　夏	68	33	25	1307	510	645
新　疆	250	91	34	2687	845	1359

4–7 续表 1

地　区	科学道德与学风建设宣讲活动（场次）	宣讲活动受众人数（人次）	参加科学道德与学风建设宣讲专家数（人次）	继续教育（培训）班（场次）	继续教育（培训）人数（人次）
合　计	**2287**	**1796571**	**11045**	**16799**	**3519743**
北　京	117	28900	558	1090	1127384
天　津	69	8861	381	416	78285
河　北	26	11699	87	312	71746
山　西	20	10949	68	199	37721
内 蒙 古	85	49545	640	101	10291
辽　宁	177	14364	257	418	65516
吉　林	38	16590	117	522	95357
黑 龙 江	75	7562	345	183	22496
上　海	0	0	0	779	155934
江　苏	152	79115	1388	527	77853
浙　江	53	23223	581	660	136901
安　徽	4	557	184	551	87549
福　建	22	4634	621	756	103220
江　西	69	22700	364	336	32965
山　东	6	738	35	486	66013
河　南	145	57090	453	1433	217797
湖　北	139	14157	611	140	19385
湖　南	300	39058	927	549	70922
广　东	18	6092	154	1941	363370
广　西	36	6105	80	1149	123703
海　南	3	645	51	85	13799
重　庆	0	0	0	488	59497
四　川	65	10488	143	482	80727
贵　州	63	11406	159	285	62982
云　南	43	17874	171	287	46457
西　藏	1	52	50	6	210
陕　西	218	1196027	670	254	59181
甘　肃	123	30191	272	99	7243
青　海	92	54968	141	710	101037
宁　夏	17	25615	154	72	15810
新　疆	111	47366	1383	1483	108392

4-7 续表 2

地　　区	通过媒体宣传科技工作者（人次）	# 中央媒体宣传科技工作者（人次）	# 省级媒体宣传科技工作者（人次）	# 电视宣传科技工作者（人次）	# 纸质媒体宣传科技工作者（人次）	# 网络与新媒体宣传科技工作者（人次）
合　　计	**55031**	**1181**	**17230**	**4378**	**18698**	**26678**
北　　京	962	105	358	113	267	576
天　　津	427	18	327	89	140	211
河　　北	5984	15	554	230	5250	470
山　　西	646	36	365	37	208	317
内 蒙 古	481	80	170	272	189	115
辽　　宁	1100	14	960	139	603	422
吉　　林	3318	407	979	739	1013	2228
黑 龙 江	309	5	227	95	74	123
上　　海	2565	5	1472	149	1063	1369
江　　苏	5823	35	1771	90	1441	3900
浙　　江	552	17	252	103	143	255
安　　徽	508	12	265	125	149	241
福　　建	2904	32	2227	305	1534	1806
江　　西	215	24	90	23	77	126
山　　东	1846	54	699	161	1176	1566
河　　南	2668	31	1194	282	620	1752
湖　　北	513	34	285	41	203	246
湖　　南	1691	42	1198	898	1094	1291
广　　东	3570	52	2115	140	2192	2343
广　　西	94	5	81	14	33	46
海　　南	6	0	5	5	8	5
重　　庆	224	23	96	30	99	124
四　　川	971	17	269	26	183	770
贵　　州	141	3	75	12	81	35
云　　南	644	0	387	23	209	428
西　　藏	5	1	2	1	0	2
陕　　西	822	32	274	65	337	441
甘　　肃	10229	68	153	63	123	107
青　　海	35	2	20	15	14	13
宁　　夏	227	4	37	33	46	109
新　　疆	5551	8	323	60	129	5241

五、服务创新驱动发展

简要说明

本篇统计资料为：

1. 汇总数据，反映中国科协、地方科协、全国学会和省级学会服务创新驱动发展的基本情况。

2. 省级科协、副省级城市科协、省会城市科协的统计数据为本年度签订创新驱动助力工程项目合同，建立学会服务（工作）站，建设“双创”服务平台／中心，开展推进“大众创业、万众创新”活动，技术标准研制，专家工作站（服务中心），专家服务团队和技术创新方法培训班等情况。

3. 地级科协、县级科协的统计数据为本年度签订创新驱动助力工程项目合同，建立学会服务（工作）站，建设“双创”服务平台／中心，开展推进“大众创业、万众创新”活动，技术标准研制数量、团体标准研制数量专家工作站（服务中心）和专家服务团队等情况。

4. 省级学会统计数据为本年度签订创新驱动助力工程项目合同，建立学会服务（工作）站，建设“双创”服务平台／中心，开展推进“大众创业、万众创新”活动，技术标准研制数量和团体标准研制数量等情况。

5−1　2017年各级科协服务创新驱动发展汇总表

指　　标		科协合计		中国科协机关及直属单位		省级科协	
		2016年	2017年	2016年	2017年	2016年	2017年
签订创新驱动助力工程项目合同	（个）	4228	1565	1818	178	480	190
参与创新驱动助力工程的科技工作者	（万人次）	9.18	8.10	1.05	2.49	0.98	0.83
建立学会服务（工作）站	（个）	1906	1428	324	0	520	353
建设“双创”服务平台／中心	（个）	701	660	1	1	30	52
开展推进“大众创业、万众创新”活动	（项）	10170	2590	2166	23	977	423
# 举办“双创”竞赛、论坛、展览等	（场次）	3926	1017	800	23	380	118
# 开展“双创”咨询、教育、培训等	（场次）	4288	1242	1166	21	348	251
# 开展“双创”投融资、成果转化等	（项）	1604	359	200	21	231	52
技术标准研制数量	（项）	537	112	298	0	12	2
团体标准研制数量	（项）	478	65	298	0	9	18
专家工作站（服务中心）	（个）	7226	9353	497	1	2047	4328
专家进站（中心）人数	（人次）	43199	61064	2250	10	12474	32305
专家服务团队	（个）	5440	6779	16	13	1231	2049
参加服务团队专家人数	（人次）	63536	82351	546	1020	13555	14347
技术创新方法培训班	（场次）	3186	1237	47	0	152	118

5-1 续表

指标		副省级城市科协、省会城市科协		地级科协		县级科协	
		2016 年	2017 年	2016 年	2017 年	2016 年	2017 年
签订创新驱动助力工程项目合同	（个）	147	79	1045	633	738	485
参与创新驱动助力工程的科技工作者	（万人次）	0.53	0.49	5.01	2.73	1.62	1.56
建立学会服务（工作）站	（个）	67	45	392	441	603	589
建设“双创”服务平台／中心	（个）	57	46	246	159	367	402
开展推进“大众创业、万众创新”活动	（项）	422	271	2414	604	4191	1269
#举办“双创”竞赛、论坛、展览等	（场次）	154	113	1118	232	1474	531
#开展“双创”咨询、教育、培训等	（场次）	101	89	750	252	1923	629
#开展“双创”投融资、成果转化等	（项）	132	67	446	114	595	105
技术标准研制数量	（项）	24	5	129	11	74	94
团体标准研制数量	（项）	16	5	106	8	49	34
专家工作站（服务中心）	（个）	703	786	1731	1809	2248	2429
专家进站（中心）人数	（人次）	2747	3057	9084	8909	16644	16783
专家服务团队	（个）	268	302	1340	1489	2585	2926
参加服务团队专家人数	（人次）	2240	2535	10683	19780	36512	44669
技术创新方法培训班	（场次）	87	65	401	174	2499	880

5-2 2017年全国学会、省级学会服务创新驱动发展汇总表

指标		学会合计		全国学会		省级学会	
		2016年	2017年	2016年	2017年	2016年	2017年
签订创新驱动助力工程项目合同	（个）	4192	896	339	352	3853	544
参与创新驱动助力工程的科技工作者	（万人次）	2.36	4.77	0.83	2.30	1.53	2.47
建立学会服务（工作）站	（个）	1570	1315	177	231	1393	1084
建设“双创”服务平台／中心	（个）	332	337	140	38	192	299
开展推进“大众创业、万众创新”活动	（项）	2786	900	597	155	2189	745
# 举办“双创”竞赛、论坛、展览等	（场次）	973	370	349	84	624	286
# 开展“双创”咨询、教育、培训等	（场次）	1099	1433	121	44	978	1389
# 开展“双创”投融资、成果转化等	（项）	432	139	113	23	319	116
技术标准研制数量	（项）	1608	1071	493	378	1115	693
团体标准研制数量	（项）	1024	810	378	449	646	361
专家工作站（服务中心）	（个）	847	767	146	119	701	648
专家进站（中心）人数	（人次）	5828	9078	1119	954	4709	8124
专家服务团队	（个）	2698	3396	403	516	2295	2880
参加服务团队专家人数	（人次）	49334	42404	9249	6758	40085	35646
技术创新方法培训班	（场次）	2159	809	383	118	1776	691

5-3 2017年各省级科协服务创新驱动发展

地　　区	签订创新驱动助力工程项目合同（个）	参与创新驱动助力工程的科技工作者（人次）	建立学会服务（工作）站（个）	建设"双创"服务平台／中心（个）
合　　计	**670**	**18032**	**873**	**82**
北　　京	23	132	10	2
天　　津	13	3251	2	1
河　　北	6	550	0	2
山　　西	1	45	22	1
内 蒙 古	5	78	0	5
辽　　宁	8	14	0	3
吉　　林	0	804	19	1
黑 龙 江	0	0	2	0
上　　海	15	1622	0	0
江　　苏	8	0	198	39
浙　　江	107	1771	8	1
安　　徽	99	746	158	0
福　　建	86	2182	44	0
江　　西	9	113	6	0
山　　东	202	2064	276	0
河　　南	0	0	70	8
湖　　北	10	0	0	0
湖　　南	4	2000	5	0
广　　东	0	0	10	0
广　　西	0	0	0	1
海　　南	0	0	5	1
重　　庆	8	464	9	2
四　　川	2	60	0	0
贵　　州	20	2000	20	10
云　　南	1	12	0	2
西　　藏	0	0	0	0
陕　　西	0	0	2	0
甘　　肃	0	0	0	0
青　　海	0	0	0	0
宁　　夏	42	124	6	2
新　　疆	1	0	1	1
新疆生产建设兵团	0	0	0	0

5-3 续表 1

地 区	开展推进“大众创业、万众创新”活动（项）	# 举办“双创”竞赛、论坛、展览等（场次）	# 开展“双创”咨询、教育、培训等（场次）	# 开展“双创”投融资、成果转化等（项）	技术标准研制数量（项）	团体标准研制数量（项）
合 计	**1400**	**498**	**599**	**283**	**14**	**27**
北 京	184	42	106	36	1	1
天 津	7	0	7	0	3	3
河 北	32	1	26	5	6	3
山 西	33	12	10	5	0	0
内 蒙 古	38	1	7	31	0	0
辽 宁	33	4	25	4	0	0
吉 林	5	1	2	2	0	0
黑 龙 江	20	15	5	0	0	0
上 海	7	7	0	0	0	0
江 苏	216	7	74	126	1	17
浙 江	333	268	50	15	0	0
安 徽	17	3	13	1	0	0
福 建	5	3	0	2	0	0
江 西	5	2	2	0	0	0
山 东	81	32	36	8	0	0
河 南	13	2	11	0	0	0
湖 北	13	1	12	0	0	0
湖 南	15	7	7	1	0	0
广 东	16	1	15	0	0	0
广 西	4	1	3	0	0	0
海 南	5	2	0	3	0	0
重 庆	217	57	121	39	0	0
四 川	27	7	18	2	0	0
贵 州	1	1	0	0	2	2
云 南	11	4	7	0	0	0
西 藏	2	2	0	0	0	0
陕 西	1	1	0	0	0	0
甘 肃	0	0	0	0	0	0
青 海	15	8	5	2	0	0
宁 夏	24	3	20	1	0	0
新 疆	3	0	3	0	1	1
新疆生产建设兵团	17	3	14	0	0	0

5-3 续表 2

地　区	专家工作站（服务中心）（个）	专家进站（中心）人数（人次）	专家服务团队（个）	参加服务团队专家人数（人次）	技术创新方法培训班（场次）
合　计	**6375**	**44779**	**3280**	**27902**	**270**
北　京	297	4190	258	3666	19
天　津	41	171	9	25	10
河　北	600	2400	1	404	6
山　西	88	179	13	46	14
内蒙古	223	291	7	224	1
辽　宁	22	63	14	66	8
吉　林	109	355	31	55	17
黑龙江	0	0	19	434	1
上　海	531	2351	0	0	34
江　苏	1649	17742	771	2548	7
浙　江	252	8500	1228	8706	0
安　徽	119	130	2	141	4
福　建	371	2246	33	383	20
江　西	27	60	30	204	16
山　东	200	1141	166	88	6
河　南	0	0	407	5940	5
湖　北	1100	1220	20	108	1
湖　南	39	180	58	868	12
广　东	78	380	3	140	13
广　西	4	25	1	246	14
海　南	0	0	0	0	0
重　庆	109	468	16	132	3
四　川	318	1450	0	0	2
贵　州	10	265	7	35	0
云　南	67	497	6	2472	8
西　藏	2	21	0	0	0
陕　西	31	171	28	462	3
甘　肃	4	5	1	42	2
青　海	0	0	0	0	7
宁　夏	78	270	148	447	26
新　疆	0	0	0	0	11
新疆生产建设兵团	6	8	3	20	0

5-4　2017 年各副省级城市科协、省会城市科协服务创新驱动发展

城　　市	签订创新驱动助力工程项目合同（个）	参与创新驱动助力工程的科技工作者（人次）	建立学会服务（工作）站（个）	建设“双创”服务平台 / 中心（个）
合　　计	**226**	**10222**	**112**	**103**
副省级城市小计	**153**	**1286**	**20**	**81**
宁　　波＊	31	251	11	1
厦　　门＊	86	444	0	0
深　　圳＊	2	200	8	76
青　　岛＊	34	391	0	0
大　　连＊	0	0	1	4
省会城市小计	**73**	**8936**	**92**	**22**
石 家 庄	0	0	0	0
太　　原	0	0	0	0
呼和浩特	0	0	0	0
沈　　阳＊	0	0	0	1
长　　春＊	0	0	0	0
哈 尔 滨＊	4	56	0	1
南　　京＊	1	1483	10	2
杭　　州＊	9	2450	36	3
合　　肥	0	0	8	2
福　　州	11	100	3	0
南　　昌	0	0	2	0
济　　南＊	9	161	0	0
郑　　州	24	350	1	1
武　　汉＊	0	0	0	0
长　　沙	1	0	3	1
广　　州＊	4	3940	24	1
南　　宁	0	0	0	0
海　　口	0	0	0	1
成　　都＊	1	300	2	6
贵　　阳	0	0	0	0
昆　　明	0	0	0	0
拉　　萨	0	0	1	1
西　　安＊	0	0	0	0
兰　　州	0	0	0	0
西　　宁	0	0	0	0
银　　川	9	96	2	2
乌鲁木齐	0	0	0	0

注：本表中城市（包括省会城市）名称后带“*”的为副省级城市。

5-4 续表 1

城　　市	开展推进“大众创业、万众创新”活动（项）	# 举办“双创”竞赛、论坛、展览等（场次）	# 开展“双创”咨询、教育、培训等（场次）	# 开展“双创”投融资、成果转化等（项）	技术标准研制数量（项）	团体标准研制数量（项）
合　　计	**693**	**267**	**190**	**199**	**29**	**21**
副省级城市小计	**333**	**100**	**81**	**122**	**5**	**5**
宁　　波 *	24	24	0	0	0	0
厦　　门 *	2	2	0	0	0	0
深　　圳 *	306	73	81	122	5	5
青　　岛 *	0	0	0	0	0	0
大　　连 *	1	1	0	0	0	0
省会城市小计	**360**	**167**	**109**	**77**	**24**	**16**
石 家 庄	0	0	0	0	0	0
太　　原	1	0	0	1	0	0
呼和浩特	0	0	0	0	0	0
沈　　阳 *	6	4	1	1	0	0
长　　春 *	0	0	0	0	0	0
哈 尔 滨 *	2	0	1	1	0	0
南　　京 *	8	2	6	0	0	0
杭　　州 *	218	90	73	55	14	6
合　　肥	3	2	1	0	0	0
福　　州	2	1	1	0	0	0
南　　昌	0	0	0	0	0	0
济　　南 *	0	0	0	0	0	0
郑　　州	3	2	1	0	10	10
武　　汉 *	2	1	1	0	0	0
长　　沙	1	0	0	0	0	0
广　　州 *	49	37	0	12	0	0
南　　宁	2	0	0	2	0	0
海　　口	2	0	1	0	0	0
成　　都 *	18	11	2	5	0	0
贵　　阳	0	0	0	0	0	0
昆　　明	0	0	0	0	0	0
拉　　萨	1	0	1	0	0	0
西　　安 *	0	0	0	0	0	0
兰　　州	0	0	0	0	0	0
西　　宁	0	0	0	0	0	0
银　　川	2	2	0	0	0	0
乌鲁木齐	40	15	20	0	0	0

5–4　续表 2

城　市	专家工作站（服务中心）（个）	专家进站（中心）人数（人次）	专家服务团队（个）	参加服务团队专家人数（人次）	技术创新方法培训班（场次）
合　计	**1484**	**5774**	**570**	**4775**	**150**
副省级城市小计	**426**	**2279**	**375**	**2204**	**11**
宁　波 *	209	1250	236	1361	1
厦　门 *	16	95	0	0	0
深　圳 *	51	700	120	700	4
青　岛 *	118	139	19	143	0
大　连 *	32	95	0	0	6
省会城市小计	**1058**	**3495**	**195**	**2571**	**139**
石家庄	24	53	1	50	0
太　原	19	61	0	0	4
呼和浩特	2	2	0	0	0
沈　阳 *	281	900	0	0	0
长　春 *	24	60	36	36	9
哈尔滨 *	14	12	6	39	0
南　京 *	34	60	4	665	0
杭　州 *	239	250	7	207	2
合　肥	0	0	0	0	6
福　州	71	392	71	392	1
南　昌	0	0	0	0	0
济　南 *	6	136	0	0	4
郑　州	46	82	0	0	11
武　汉 *	26	47	6	20	3
长　沙	9	66	9	58	1
广　州 *	28	78	2	60	30
南　宁	13	90	2	552	4
海　口	0	0	0	0	0
成　都 *	139	595	0	0	0
贵　阳	23	230	23	215	0
昆　明	6	95	2	18	21
拉　萨	8	103	1	15	0
西　安 *	11	15	1	14	28
兰　州	5	30	0	0	2
西　宁	0	0	0	0	0
银　川	5	111	2	188	11
乌鲁木齐	25	27	22	42	2

5-5 2017年各地区地级科协服务创新驱动发展

地区	签订创新驱动助力工程项目合同（个）	参与创新驱动助力工程的科技工作者（人次）	建立学会服务（工作）站（个）	建设“双创”服务平台/中心（个）
合计	**1678**	**77332**	**833**	**405**
北京	77	4580	0	4
天津	39	8246	9	39
河北	7	296	6	2
山西	16	114	40	0
内蒙古	1	460	2	0
辽宁	242	3854	9	12
吉林	9	1602	6	5
黑龙江	0	30	2	2
上海	82	1078	1	29
江苏	186	2473	213	123
浙江	116	16449	49	3
安徽	165	2018	139	2
福建	86	1226	19	2
江西	5	375	4	1
山东	118	13447	45	82
河南	342	10356	94	6
湖北	27	1287	11	3
湖南	12	3527	19	8
广东	13	153	112	12
广西	47	1637	0	3
海南	0	0	0	0
重庆	5	30	8	6
四川	42	2156	5	19
贵州	2	30	0	1
云南	0	0	7	6
西藏	0	0	0	0
陕西	12	783	1	1
甘肃	1	4	0	1
青海	0	0	1	5
宁夏	16	941	5	0
新疆	9	180	25	13
新疆生产建设兵团	1	0	1	15

5-5 续表 1

地 区	开展推进“大众创业、万众创新”活动（项）	# 举办“双创”竞赛、论坛、展览等（场次）	# 开展“双创”咨询、教育、培训等（场次）	# 开展“双创”投融资、成果转化等（项）	技术标准研制数量（项）	团体标准研制数量（项）
合 计	**3018**	**1350**	**1002**	**560**	**140**	**114**
北 京	26	5	19	2	0	0
天 津	618	172	344	107	0	0
河 北	21	6	12	4	0	0
山 西	3	3	0	0	0	0
内蒙古	26	9	16	0	0	0
辽 宁	56	14	36	3	2	2
吉 林	6	5	1	0	0	0
黑龙江	24	17	6	1	0	0
上 海	434	289	56	89	0	0
江 苏	489	110	175	197	4	3
浙 江	486	451	23	8	0	0
安 徽	17	5	11	0	0	0
福 建	30	1	19	10	0	0
江 西	11	4	5	0	0	0
山 东	37	19	14	3	5	2
河 南	157	39	81	37	9	9
湖 北	128	15	21	20	0	0
湖 南	16	6	7	2	1	1
广 东	30	9	16	5	1	1
广 西	50	25	25	0	11	5
海 南	4	0	3	0	0	0
重 庆	32	10	20	0	0	0
四 川	102	48	9	41	28	28
贵 州	44	18	23	3	0	0
云 南	24	15	8	1	0	0
西 藏	8	1	7	0	0	0
陕 西	17	6	6	5	0	0
甘 肃	6	4	2	0	0	0
青 海	3	2	1	0	1	0
宁 夏	34	5	16	7	57	57
新 疆	17	10	3	3	2	2
新疆生产建设兵团	62	27	17	12	19	4

5–5 续表 2

地　区	专家工作站（服务中心）（个）	专家进站（中心）人数（人次）	专家服务团队（个）	参加服务团队专家人数（人次）	技术创新方法培训班（场次）
合　计	**3540**	**17993**	**2829**	**30463**	**575**
北　京	12	19	39	279	5
天　津	159	518	125	1090	2
河　北	144	397	56	952	13
山　西	55	380	28	285	8
内蒙古	68	325	40	169	3
辽　宁	139	1768	110	815	26
吉　林	33	105	19	178	4
黑龙江	7	90	5	22	3
上　海	12	62	16	16	45
江　苏	309	1030	208	1667	55
浙　江	672	4157	472	3449	21
安　徽	48	245	38	1010	18
福　建	194	921	78	571	35
江　西	107	406	88	494	18
山　东	280	1290	229	3101	14
河　南	60	525	96	679	74
湖　北	641	2131	469	1617	13
湖　南	40	265	50	1691	6
广　东	103	309	45	727	38
广　西	12	144	51	6456	34
海　南	0	0	0	0	0
重　庆	15	89	9	264	3
四　川	235	1531	275	1178	30
贵　州	9	260	10	985	5
云　南	66	458	22	1060	2
西　藏	0	0	0	0	0
陕　西	26	156	33	271	12
甘　肃	40	138	26	338	17
青　海	0	0	0	0	3
宁　夏	42	222	66	238	36
新　疆	7	24	78	487	4
新疆生产建设兵团	5	28	48	374	28

5-6 2017年各地区县级科协服务创新驱动发展

地　　区	签订创新驱动助力工程项目合同（个）	参与创新驱动助力工程的科技工作者（人次）	建立学会服务（工作）站（个）	建设“双创”服务平台／中心（个）
合　　计	**1223**	**31803**	**1192**	**769**
河　　北	35	178	41	31
山　　西	14	328	29	15
内 蒙 古	10	34	22	14
辽　　宁	180	238	49	11
吉　　林	19	101	0	2
黑 龙 江	1	40	13	33
江　　苏	47	8353	154	55
浙　　江	150	3591	95	86
安　　徽	163	1854	158	32
福　　建	39	1383	26	18
江　　西	21	215	10	19
山　　东	110	11505	130	33
河　　南	135	1132	109	76
湖　　北	34	430	59	48
湖　　南	25	272	32	25
广　　东	4	13	22	6
广　　西	12	0	4	24
海　　南	1	0	2	2
重　　庆	0	0	0	0
四　　川	45	1002	56	72
贵　　州	5	230	10	14
云　　南	6	0	31	13
西　　藏	3	6	32	8
陕　　西	57	86	40	61
甘　　肃	29	336	41	16
青　　海	2	0	11	7
宁　　夏	71	440	9	10
新　　疆	5	36	7	38

注：本表数据不含北京、天津和上海地区。

5-6 续表 1

地　　区	开展推进“大众创业、万众创新”活动（项）	# 举办“双创”竞赛、论坛、展览等（场次）	# 开展“双创”咨询、教育、培训等（场次）	# 开展“双创”投融资、成果转化等（项）	技术标准研制数量（项）	团体标准研制数量（项）
合　　计	**5460**	**2005**	**2552**	**700**	**168**	**83**
河　　北	204	29	162	10	10	4
山　　西	51	19	29	2	5	3
内 蒙 古	101	24	60	18	1	0
辽　　宁	65	17	39	8	3	1
吉　　林	14	1	13	0	0	0
黑 龙 江	90	37	42	11	2	2
江　　苏	345	117	167	52	29	3
浙　　江	530	195	134	30	10	6
安　　徽	194	87	97	9	6	2
福　　建	202	18	149	32	3	2
江　　西	54	19	28	7	5	3
山　　东	747	579	122	40	5	2
河　　南	218	85	114	18	0	0
湖　　北	333	73	201	56	16	6
湖　　南	274	95	145	39	12	6
广　　东	111	35	69	7	1	0
广　　西	75	18	57	0	3	1
海　　南	57	10	46	0	1	0
重　　庆	1	1	0	0	0	0
四　　川	1144	427	492	224	4	3
贵　　州	41	11	29	0	3	1
云　　南	55	17	35	2	9	4
西　　藏	48	7	39	2	7	7
陕　　西	198	39	129	30	5	2
甘　　肃	152	13	46	90	0	0
青　　海	14	5	8	1	2	1
宁　　夏	23	5	13	5	1	2
新　　疆	119	22	87	7	25	22

5-6 续表 2

地 区	专家工作站（服务中心）（个）	专家进站（中心）人数（人次）	专家服务团队（个）	参加服务团队专家人数（人次）	技术创新方法培训班（场次）
合 计	**4677**	**33427**	**5511**	**81181**	**3379**
河 北	196	1948	194	2005	107
山 西	53	391	156	1485	77
内蒙古	31	227	86	939	133
辽 宁	118	598	182	2024	81
吉 林	8	1161	44	1063	18
黑龙江	67	701	151	1268	89
江 苏	674	3347	495	15852	253
浙 江	887	5391	609	5254	185
安 徽	190	1612	203	2588	190
福 建	370	1723	342	3259	136
江 西	83	354	99	851	75
山 东	485	4602	337	2897	367
河 南	101	1452	298	7046	212
湖 北	564	2006	490	3089	130
湖 南	75	749	204	2748	98
广 东	46	354	35	577	55
广 西	29	168	133	3552	98
海 南	2	26	25	539	49
重 庆	0	0	13	269	2
四 川	356	2087	469	4452	184
贵 州	26	551	88	3601	29
云 南	93	575	161	6307	99
西 藏	8	50	24	160	43
陕 西	94	2008	342	4777	59
甘 肃	23	306	152	2306	62
青 海	2	17	19	281	46
宁 夏	64	627	61	824	101
新 疆	32	396	99	1168	401

5-7 2017年各地区省级学会服务创新驱动发展

地　　区	签订创新驱动助力工程项目合同（个）	参与创新驱动助力工程的科技工作者（人次）	建立学会服务（工作）站（个）	建设“双创”服务平台/中心（个）
合　　计	**4397**	**39921**	**2477**	**491**
北　　京	24	899	68	27
天　　津	73	3936	27	18
河　　北	17	332	19	12
山　　西	34	234	25	9
内 蒙 古	17	2296	29	13
辽　　宁	71	2327	197	25
吉　　林	34	3413	55	4
黑 龙 江	25	955	36	4
上　　海	30	458	25	7
江　　苏	71	1236	314	115
浙　　江	142	4110	47	19
安　　徽	142	984	277	9
福　　建	56	774	51	3
江　　西	15	107	53	15
山　　东	121	5844	340	43
河　　南	253	1733	123	14
湖　　北	32	973	25	12
湖　　南	13	2711	48	20
广　　东	36	356	102	12
广　　西	15	584	88	6
海　　南	4	26	2	0
重　　庆	31	848	31	2
四　　川	3024	294	118	17
贵　　州	31	2184	45	12
云　　南	6	20	27	12
西　　藏	1	0	1	1
陕　　西	35	1088	64	8
甘　　肃	20	325	74	28
青　　海	5	0	7	6
宁　　夏	9	702	16	4
新　　疆	10	172	143	14

5-7 续表 1

地　　区	开展推进“大众创业、万众创新”活动（项）	# 举办“双创”竞赛、论坛、展览等（场次）	# 开展“双创”咨询、教育、培训等（场次）	# 开展“双创”投融资、成果转化等（项）	技术标准研制数量（项）	团体标准研制数量（场）
合　　计	**2934**	**910**	**2367**	**435**	**1808**	**1007**
北　　京	136	60	53	23	79	66
天　　津	98	30	64	6	29	19
河　　北	61	19	24	18	16	13
山　　西	43	21	18	4	96	5
内 蒙 古	32	16	16	3	85	58
辽　　宁	245	62	119	65	37	25
吉　　林	15	6	6	3	132	104
黑 龙 江	24	4	15	5	27	23
上　　海	82	27	40	15	250	51
江　　苏	495	165	233	91	145	100
浙　　江	146	50	57	37	74	35
安　　徽	38	14	16	4	81	30
福　　建	51	35	15	2	60	57
江　　西	53	25	23	2	19	13
山　　东	98	31	45	19	108	81
河　　南	48	19	23	5	42	30
湖　　北	125	22	45	58	42	22
湖　　南	111	43	45	18	57	46
广　　东	62	13	46	3	66	32
广　　西	122	53	58	5	35	26
海　　南	25	8	12	5	5	0
重　　庆	181	24	138	19	54	29
四　　川	43	28	12	3	65	34
贵　　州	165	43	111	11	49	37
云　　南	16	5	10	1	12	11
西　　藏	0	0	0	0	9	3
陕　　西	39	18	18	3	28	17
甘　　肃	312	42	1075	2	16	0
青　　海	2	1	1	0	28	6
宁　　夏	19	7	4	2	28	4
新　　疆	47	19	25	3	34	30

5−7 续表 2

地　区	专家工作站（服务中心）（个）	专家进站（中心）人数（人次）	专家服务团队（个）	参加服务团队专家人数（人次）	技术创新方法培训班（场次）
合　计	**1349**	**12833**	**5175**	**75731**	**2467**
北　京	11	1149	202	3458	243
天　津	7	63	82	833	99
河　北	16	253	112	1102	45
山　西	30	67	61	340	152
内蒙古	55	338	159	2396	50
辽　宁	39	726	510	6805	175
吉　林	13	172	80	1020	81
黑龙江	7	47	24	470	32
上　海	0	0	16	119	68
江　苏	252	1314	320	4489	498
浙　江	32	1109	194	4067	75
安　徽	47	350	285	3004	32
福　建	36	207	99	1232	89
江　西	93	687	75	836	32
山　东	160	886	308	3205	82
河　南	39	374	658	9092	32
湖　北	27	183	99	779	64
湖　南	27	730	361	3561	52
广　东	36	920	201	3367	133
广　西	6	24	60	1050	38
海　南	2	2	19	158	2
重　庆	23	296	165	1400	57
四　川	36	295	139	1854	87
贵　州	22	143	76	1328	67
云　南	14	268	185	2055	23
西　藏	0	0	8	42	3
陕　西	131	943	499	7010	35
甘　肃	3	340	23	553	34
青　海	0	0	28	256	29
宁　夏	17	265	27	354	6
新　疆	168	682	100	9496	52

六、学术交流活动

简要说明

本篇统计资料为：

1. 汇总数据，反映中国科协、地方科协、全国学会和省级学会开展的各类学术交流活动总体情况。

2. 地方科协和省级学会统计数据，分别反映各省级科协及其所属学会、副省级城市科协、省会城市科协、地级科协、县级科协开展的各类学术交流活动。

3. 相关统计指标包括：中国境内开展的国内学术会议、国际学术会议、港澳台地区学术会议，以及各类学术会议的交流论文数量等。

6-1 2017年各级科协学术交流活动汇总表

指标		科协合计		中国科协机关及直属单位		省级科协	
		2016年	2017年	2016年	2017年	2016年	2017年
国内学术会议	（次）	7207	2801	88	117	604	224
# 学术年会	（次）	1029	649	4	6	124	30
参加人数	（人次）	949866	778126	16993	14347	112607	75215
# 企业科技工作者	（人次）	294820	306770	820	8643	12496	8889
交流论文	（篇）	99092	41928	3675	2825	14806	3472
境内国际学术会议	（次）	342	251	12	17	70	40
参加人数	（人次）	82514	97158	13341	31815	17289	13072
# 企业科技工作者	（人次）	45194	34492	11900	16630	6326	2605
# 境外专家学者	（人次）	7967	6177	1230	1585	1198	1292
交流论文	（篇）	20398	13411	9260	6793	2247	1172
港澳台地区学术会议	（次）	74	58	11	16	17	14
参加人数	（人次）	10076	46469	1523	1660	1399	3107
# 企业科技工作者	（人次）	4359	4180	0	100	470	692
交流论文	（篇）	1517	1391	290	285	368	584

6-1 续表

指标		副省级城市科协、省会城市科协		地级科协		县级科协	
		2016 年	2017 年	2016 年	2017 年	2016 年	2017 年
国内学术会议	（次）	2305	569	2877	1121	1333	770
# 学术年会	（次）	121	87	411	341	369	185
参加人数	（人次）	333531	287714	365591	285751	121144	115099
# 企业科技工作者	（人次）	100460	171669	125001	80045	56043	37524
交流论文	（篇）	14138	10436	50222	19317	16251	5878
境内国际学术会议	（次）	89	46	108	83	63	65
参加人数	（人次）	22521	9274	21963	35462	7400	7535
# 企业科技工作者	（人次）	9521	4543	12596	5598	4851	5116
# 境外专家学者	（人次）	1177	538	2898	2225	1464	537
交流论文	（篇）	2984	1643	5199	3675	708	128
港澳台地区学术会议	（次）	28	12	9	8	9	8
参加人数	（人次）	5420	3320	1461	1137	273	37245
# 企业科技工作者	（人次）	3122	2530	701	515	66	343
交流论文	（篇）	602	151	222	190	35	181

6-2　2017年全国学会、省级学会学术交流活动汇总表

指　　标		学会合计		全国学会		省级学会	
		2016年	2017年	2016年	2017年	2016年	2017年
国内学术会议	（次）	23949	16523	5059	4115	18890	12408
# 学术年会	（次）	6782	6200	1532	1534	5250	4666
参加人数	（人次）	4551294	4101023	1272844	1459637	3278450	2641386
# 企业科技工作者	（人次）	738350	788864	248501	280352	489849	508512
交流论文	（篇）	833563	818029	424523	479147	409040	338882
境内国际学术会议	（次）	2686	1255	1291	488	1395	767
参加人数	（人次）	481594	532202	243762	243774	237832	288428
# 企业科技工作者	（人次）	102567	111126	45759	43435	56808	67691
# 境外专家学者	（人次）	39542	42296	26877	24226	12665	18070
交流论文	（篇）	130149	126710	94931	84942	35218	41768
港澳台地区学术会议	（次）	284	208	75	49	209	159
参加人数	（人次）	25346	33193	6266	7387	19080	25806
# 企业科技工作者	（人次）	7875	10118	1801	1238	6074	8880
交流论文	（篇）	8037	6622	2330	1732	5707	4890

6–3　2017 年各省级科协学术交流活动

地　区	国内学术会议				
	次　数（次）	# 学术年会（次）	参加人数（人次）	# 企业科技工作者（人次）	交流论文（篇）
合　计	**828**	**154**	**187822**	**21385**	**18278**
北　京	3	0	1020	480	15
天　津	40	3	6019	600	61
河　北	7	1	1940	1050	330
山　西	3	1	636	0	70
内 蒙 古	94	1	5000	200	1403
辽　宁	6	2	3850	870	156
吉　林	99	5	12648	2262	1589
黑 龙 江	27	1	3100	530	50
上　海	39	2	35500	0	1500
江　苏	11	2	2496	1033	37
浙　江	7	1	5532	507	1700
安　徽	3	1	285	12	5
福　建	12	2	2440	250	296
江　西	44	39	7860	800	660
山　东	46	2	12630	804	861
河　南	44	1	6780	0	4280
湖　北	1	1	1100	300	50
湖　南	17	4	8230	610	892
广　东	13	3	3730	420	30
广　西	9	0	1890	0	164
海　南	92	56	6250	1195	510
重　庆	70	16	26690	4838	1729
四　川	3	0	950	120	120
贵　州	19	0	2260	1000	82
云　南	2	1	800	50	320
西　藏	6	2	790	76	140
陕　西	58	1	16415	173	87
甘　肃	3	1	900	550	91
青　海	9	1	1252	0	2
宁　夏	31	0	5640	2235	562
新　疆	7	4	1689	120	286
新疆生产建设兵团	3	0	1500	300	200

6–3 续表

地区	境内国际学术会议 次数（次）	参加人数（人次）	#企业科技工作者（人次）	#境外专家学者（人次）	交流论文（篇）	港澳台地区学术会议 次数（次）	参加人数（人次）	#企业科技工作者（人次）	交流论文（篇）
合计	**110**	**30361**	**8931**	**2490**	**3419**	**31**	**4506**	**1162**	**952**
北京	0	0	0	0	0	0	0	0	0
天津	4	800	400	12	30	0	0	0	0
河北	0	0	0	0	0	0	0	0	0
山西	0	0	0	0	0	0	0	0	0
内蒙古	5	660	296	155	176	3	250	150	159
辽宁	0	0	0	0	0	0	0	0	0
吉林	11	3400	3000	250	495	7	1049	105	86
黑龙江	6	500	235	55	70	0	0	0	0
上海	2	400	50	13	11	3	630	290	209
江苏	7	2789	1510	652	271	1	280	130	54
浙江	5	1800	900	74	175	1	300	100	6
安徽	0	0	0	0	0	1	200	150	100
福建	1	30	5	10	15	4	996	36	229
江西	5	1350	0	14	40	1	190	8	42
山东	0	0	0	0	0	0	0	0	0
河南	0	0	0	0	0	0	0	0	0
湖北	3	512	0	46	0	0	0	0	0
湖南	3	610	530	49	228	0	0	0	0
广东	0	0	0	0	0	0	0	0	0
广西	5	1400	100	50	75	0	0	0	0
海南	6	1100	750	197	103	3	380	150	40
重庆	33	12860	760	738	518	1	160	0	6
四川	0	0	0	0	0	1	18	14	6
贵州	0	0	0	0	0	0	0	0	0
云南	2	190	75	34	60	0	0	0	0
西藏	0	0	0	0	0	0	0	0	0
陕西	7	1900	300	141	1092	0	0	0	0
甘肃	0	0	0	0	0	0	0	0	0
青海	0	0	0	0	0	3	29	5	13
宁夏	5	60	20	0	60	0	0	0	0
新疆	0	0	0	0	0	2	24	24	2
新疆生产建设兵团	0	0	0	0	0	0	0	0	0

6-4 2017年各副省级城市科协、省会城市科协学术交流活动

城市	国内学术会议				
	次数（次）	#学术年会（次）	参加人数（人次）	#企业科技工作者（人次）	交流论文（篇）
合　计	**2874**	**208**	**621245**	**272129**	**24574**
副省级城市小计	**943**	**65**	**243708**	**166759**	**5745**
宁　波*	129	2	21025	12240	1320
厦　门*	80	55	87930	83940	850
深　圳*	145	4	29553	25210	949
青　岛*	455	2	91200	40480	2492
大　连*	134	2	14000	4889	134
省会城市小计	**1931**	**143**	**377537**	**105370**	**18829**
石家庄	2	0	500	140	6
太　原	26	2	2470	420	89
呼和浩特	4	0	390	100	2
沈　阳*	67	2	21990	10010	1696
长　春*	4	0	520	235	0
哈尔滨*	33	0	6062	500	280
南　京*	9	9	21500	8790	1210
杭　州*	207	35	25982	11519	2716
合　肥	16	6	3920	404	436
福　州	2	2	340	80	1700
南　昌	28	1	2122	355	88
济　南*	151	14	30010	3480	1320
郑　州	302	1	40560	19230	780
武　汉*	92	36	9723	2420	1439
长　沙	7	3	6500	1790	938
广　州*	5	4	101680	12210	34
南　宁	8	1	1600	550	69
海　口	0	0	0	0	0
成　都*	781	1	35582	19196	2818
贵　阳	42	4	16450	0	45
昆　明	7	1	610	269	27
拉　萨	1	0	0	0	0
西　安*	127	20	47886	13642	3081
兰　州	1	0	100	0	0
西　宁	4	0	140	0	45
银　川	4	0	800	0	10
乌鲁木齐	1	1	100	30	0

注：本表中城市（包括省会城市）名称后带“*”的为副省级城市。

6-4 续表

城市	境内国际学术会议					港澳台地区学术会议			
	次数（次）	参加人数（人次）	# 企业科技工作者（人次）	# 境外专家学者（人次）	交流论文（篇）	次数（次）	参加人数（人次）	# 企业科技工作者（人次）	交流论文（篇）
合计	**135**	**31795**	**14064**	**1715**	**4627**	**40**	**8740**	**5652**	**753**
副省级城市小计	**62**	**15817**	**9992**	**644**	**1753**	**33**	**7021**	**5246**	**562**
宁波*	11	3195	2630	160	310	2	1031	620	105
厦门*	8	1650	230	67	350	3	350	76	60
深圳*	40	6672	5532	167	597	26	5240	4430	217
青岛*	3	4300	1600	250	496	2	400	120	180
大连*	0	0	0	0	0	0	0	0	0
省会城市小计	**73**	**15978**	**4072**	**1071**	**2874**	**7**	**1719**	**406**	**191**
石家庄	1	600	180	6	15	0	0	0	0
太原	0	0	0	0	0	0	0	0	0
呼和浩特	0	0	0	0	0	0	0	0	0
沈阳*	12	2840	800	162	351	0	0	0	0
长春*	2	460	93	120	102	0	0	0	0
哈尔滨*	1	150	28	5	75	0	0	0	0
南京*	0	0	0	0	0	0	0	0	0
杭州*	19	2855	848	222	664	1	130	26	14
合肥	0	0	0	0	0	0	0	0	0
福州	0	0	0	0	0	1	686	80	60
南昌	0	0	0	0	0	0	0	0	0
济南*	2	330	130	24	138	0	0	0	0
郑州	6	2727	800	14	40	0	0	0	0
武汉*	8	1090	320	75	148	0	0	0	0
长沙	1	0	0	0	0	0	0	0	0
广州*	4	1630	445	256	933	5	903	300	117
南宁	3	600	0	12	0	0	0	0	0
海口	0	0	0	0	0	0	0	0	0
成都*	8	330	58	91	50	0	0	0	0
贵阳	0	0	0	0	0	0	0	0	0
昆明	0	0	0	0	0	0	0	0	0
拉萨	0	0	0	0	0	0	0	0	0
西安*	6	2366	370	84	358	0	0	0	0
兰州	0	0	0	0	0	0	0	0	0
西宁	0	0	0	0	0	0	0	0	0
银川	0	0	0	0	0	0	0	0	0
乌鲁木齐	0	0	0	0	0	0	0	0	0

6-5 2017年各地区地级科协学术交流活动

地区	国内学术会议				
	次数（次）	#学术年会（次）	参加人数（人次）	#企业科技工作者（人次）	交流论文（篇）
合计	**3998**	**752**	**651342**	**205046**	**69539**
北京	15	1	2076	1481	29
天津	43	7	7420	5440	1526
河北	234	8	63584	13999	3386
山西	43	4	3050	165	520
内蒙古	77	42	9390	1193	986
辽宁	93	6	17824	10624	2274
吉林	14	3	419	331	23
黑龙江	272	14	22966	4295	4374
上海	304	52	68016	14126	1957
江苏	332	52	125583	34691	9614
浙江	352	113	31177	14004	6480
安徽	242	28	42669	19168	3197
福建	54	32	8930	2387	1738
江西	55	8	12670	6050	1116
山东	168	44	28422	14729	3594
河南	683	132	80788	29183	9104
湖北	262	59	29900	10923	7035
湖南	184	44	23959	2533	3172
广东	112	13	22597	6303	1563
广西	14	3	1860	965	165
海南	0	0	0	0	0
重庆	87	0	9996	1601	1714
四川	150	34	13778	7713	1129
贵州	63	12	5378	347	346
云南	53	9	3666	120	600
西藏	3	2	60	8	11
陕西	21	10	3670	678	2185
甘肃	29	11	2512	287	826
青海	2	0	40	0	56
宁夏	6	0	1160	167	30
新疆	0	0	0	0	0
新疆生产建设兵团	31	9	7782	1535	789

6-5 续表

地　区	境内国际学术会议					港澳台地区学术会议			
	次　数（次）	参加人数（人次）	# 企业科技工作者（人次）	# 境外专家学者（人次）	交流论文（篇）	次　数（次）	参加人数（人次）	# 企业科技工作者（人次）	交流论文（篇）
合　计	**191**	**57425**	**18194**	**5123**	**8874**	**17**	**2598**	**1216**	**412**
北　京	0	0	0	0	0	0	0	0	0
天　津	12	2670	1920	188	185	4	480	350	55
河　北	4	2851	30	54	257	0	0	0	0
山　西	0	0	0	0	0	0	0	0	0
内蒙古	3	15609	0	1200	2184	0	0	0	0
辽　宁	1	0	0	0	0	0	0	0	0
吉　林	0	0	0	0	0	0	0	0	0
黑龙江	4	1390	931	44	230	0	0	0	0
上　海	9	2912	1887	413	569	2	409	379	15
江　苏	54	14779	4177	2565	3025	3	804	282	96
浙　江	9	1465	923	127	158	0	0	0	0
安　徽	13	1326	909	61	133	0	0	0	0
福　建	2	1200	298	107	310	1	257	35	51
江　西	0	0	0	0	0	0	0	0	0
山　东	13	2232	1295	108	792	0	0	0	0
河　南	5	166	5	2	14	1	110	30	150
湖　北	25	5700	3743	42	623	1	40	0	20
湖　南	5	1440	232	31	43	0	0	0	0
广　东	4	1300	770	76	52	5	498	140	25
广　西	3	450	100	20	0	0	0	0	0
海　南	0	0	0	0	0	0	0	0	0
重　庆	0	0	0	0	0	0	0	0	0
四　川	17	65	36	0	85	0	0	0	0
贵　州	0	0	0	0	0	0	0	0	0
云　南	1	200	120	0	47	0	0	0	0
西　藏	0	0	0	0	0	0	0	0	0
陕　西	2	206	0	3	2	0	0	0	0
甘　肃	0	0	0	0	0	0	0	0	0
青　海	0	0	0	0	0	0	0	0	0
宁　夏	0	0	0	0	0	0	0	0	0
新　疆	3	1000	800	50	61	0	0	0	0
新疆生产建设兵团	2	464	18	32	104	0	0	0	0

6-6 2017年各地区县级科协学术交流活动

地　区	国内学术会议				
	次　数（次）	# 学术年会（次）	参加人数（人次）	# 企业科技工作者（人次）	交流论文（篇）
合　计	**2103**	**554**	**236243**	**93567**	**22129**
河　北	23	4	1590	247	39
山　西	9	1	1452	72	7
内蒙古	11	5	362	134	25
辽　宁	9	2	245	75	26
吉　林	4	0	800	110	8
黑龙江	23	6	1469	337	360
江　苏	543	140	78995	38878	8749
浙　江	425	111	52133	28581	2947
安　徽	46	16	6082	2082	337
福　建	103	39	5902	1811	1382
江　西	24	5	1464	708	25
山　东	253	36	26806	6795	2084
河　南	20	14	1844	786	73
湖　北	234	49	28878	5239	1992
湖　南	102	35	6075	2200	2118
广　东	49	8	5975	2602	158
广　西	8	2	343	9	2
海　南	3	0	0	0	0
重　庆	0	0	0	0	0
四　川	57	28	5924	1618	966
贵　州	22	9	1999	244	172
云　南	30	19	966	39	126
西　藏	25	3	2463	41	41
陕　西	37	10	2310	724	250
甘　肃	26	10	1915	135	241
青　海	7	0	80	0	0
宁　夏	3	1	0	0	0
新　疆	7	1	171	100	1

注：本表数据不含北京、天津和上海地区。

6–6 续表

地区	境内国际学术会议					港澳台地区学术会议			
	次数（次）	参加人数（人次）	# 企业科技工作者（人次）	# 境外专家学者（人次）	交流论文（篇）	次数（次）	参加人数（人次）	# 企业科技工作者（人次）	交流论文（篇）
合计	**128**	**14935**	**9967**	**2001**	**836**	**17**	**37518**	**409**	**216**
河北	8	328	328	0	6	0	0	0	0
山西	0	0	0	0	0	0	0	0	0
内蒙古	7	325	80	103	39	0	0	0	0
辽宁	4	9	5	0	0	0	0	0	0
吉林	0	0	0	0	0	0	0	0	0
黑龙江	0	0	0	0	0	0	0	0	0
江苏	44	7740	4477	1710	424	6	36148	214	44
浙江	7	1285	970	151	49	6	857	94	58
安徽	3	150	132	2	2	0	0	0	0
福建	2	0	0	0	0	1	160	100	9
江西	0	0	0	0	0	0	0	0	0
山东	25	522	142	5	290	0	0	0	0
河南	0	0	0	0	0	0	0	0	0
湖北	5	4200	3550	0	15	0	0	0	0
湖南	5	81	81	0	2	0	0	0	0
广东	2	120	100	2	0	2	351	1	101
广西	2	0	0	0	0	0	0	0	0
海南	0	0	0	0	0	0	0	0	0
重庆	0	0	0	0	0	0	0	0	0
四川	3	152	102	27	9	0	0	0	0
贵州	1	0	0	0	0	0	0	0	0
云南	2	0	0	0	0	1	1	0	3
西藏	3	0	0	0	0	0	0	0	0
陕西	2	23	0	1	0	0	0	0	0
甘肃	0	0	0	0	0	0	0	0	0
青海	1	0	0	0	0	0	0	0	0
宁夏	0	0	0	0	0	0	0	0	0
新疆	2	0	0	0	0	1	1	0	1

6–7 2017 年各地区省级学会学术交流活动

地　　区	国内学术会议				
	次　数（次）	# 学术年会（次）	参加人数（人次）	# 企业科技工作者（人次）	交流论文（篇）
合　　计	**31298**	**9916**	**5919836**	**998361**	**747922**
北　　京	2020	453	815815	59387	36113
天　　津	1405	382	241542	31458	24032
河　　北	927	300	274078	16764	18485
山　　西	448	175	75893	17094	10913
内 蒙 古	463	275	64079	12618	8145
辽　　宁	822	426	128664	29902	21087
吉　　林	998	377	172570	25621	21641
黑 龙 江	655	379	66492	3636	11511
上　　海	3788	676	513563	88002	66826
江　　苏	1716	561	330515	64519	87829
浙　　江	1713	535	378531	46460	61703
安　　徽	671	243	124907	23016	16625
福　　建	771	347	133418	28199	25506
江　　西	635	255	84388	19349	14640
山　　东	1393	476	226312	51848	52479
河　　南	996	327	226765	24938	46111
湖　　北	726	300	95624	28018	14793
湖　　南	1974	672	268633	42658	29320
广　　东	2274	663	515708	208285	49209
广　　西	604	321	104558	26200	29023
海　　南	90	45	16137	8253	2445
重　　庆	900	259	164905	30226	14599
四　　川	1083	339	213256	31513	23233
贵　　州	569	182	80331	15023	9023
云　　南	540	176	148758	12832	16687
西　　藏	43	15	2455	237	398
陕　　西	736	279	134854	28584	21297
甘　　肃	134	67	9705	1166	1375
青　　海	637	126	105661	4550	4137
宁　　夏	224	86	32779	5247	1048
新　　疆	1343	199	168940	12758	7689

6–7 续表

地区	境内国际学术会议					港澳台地区学术会议			
	次数（次）	参加人数（人次）	# 企业科技工作者（人次）	# 境外专家学者（人次）	交流论文（篇）	次数（次）	参加人数（人次）	# 企业科技工作者（人次）	交流论文（篇）
合计	**2162**	**526260**	**124499**	**30735**	**76986**	**368**	**44886**	**14954**	**10597**
北京	103	27940	6013	1388	3228	11	1394	449	204
天津	71	8987	2405	556	1542	4	914	0	306
河北	23	6803	695	136	722	2	53	6	11
山西	27	8764	1697	847	337	6	487	295	76
内蒙古	20	2579	729	159	236	1	15	0	1
辽宁	57	19729	4416	2794	1284	6	391	89	38
吉林	60	9418	1641	761	1233	9	410	70	117
黑龙江	82	3629	340	476	1212	9	101	6	57
上海	248	126111	24187	3903	11011	18	2355	854	567
江苏	209	50738	10445	4225	11792	63	5874	1581	1541
浙江	116	27156	5343	1682	4226	9	383	128	128
安徽	20	1913	522	205	379	5	284	71	40
福建	50	14333	1222	875	3997	50	8149	1374	2964
江西	63	4562	414	274	1372	13	576	72	125
山东	146	18466	5841	474	2840	9	1731	167	274
河南	29	3992	434	126	511	0	0	0	0
湖北	107	16256	4503	2831	4438	17	633	224	129
湖南	78	10219	1647	647	1634	9	799	466	181
广东	140	76362	27321	1823	8334	45	13144	6182	2539
广西	41	8956	3363	1031	1277	26	1830	720	469
海南	4	182	20	1	81	0	0	0	0
重庆	45	12466	5402	967	2051	5	500	320	41
四川	116	25115	7653	1857	6473	18	2536	1558	98
贵州	69	2934	1615	77	341	2	58	6	2
云南	34	3459	522	145	218	5	70	26	23
西藏	1	0	0	0	0	0	0	0	0
陕西	97	16377	4756	1924	4813	16	1646	60	444
甘肃	7	55	5	0	21	2	1	0	1
青海	12	2902	747	158	76	3	91	58	10
宁夏	6	4500	20	56	109	3	360	170	183
新疆	81	11357	581	337	1198	2	101	2	28

七、科技期刊

简要说明

本篇统计资料为：

1. 汇总数据，反映中国科协、地方科协、全国学会和省级学会主办科技期刊的总体情况。

2. 地方科协和省级学会统计数据，分别反映各省级科协及其所属学会、副省级城市科协、省会城市科协、地级科协、县级科协主办科技期刊种数、印数及发表论文数。

3. 相关统计指标包括：中文学术期刊、科普期刊、技术期刊、英文学术期刊、实行开放存取的期刊种数、印数及科技期刊发表论文数等。

7-1　2017 年各级科协科技期刊汇总表

指　　标		科协合计		中国科协机关及直属单位		省级科协	
		2016 年	2017 年	2016 年	2017 年	2016 年	2017 年
主办科技期刊	（种）	443	466	8	8	58	54
# 中文学术期刊	（种）	56	68	5	5	17	10
# 科普期刊	（种）	344	242	3	1	40	36
# 技术期刊	（种）	43	61	0	3	1	2
# 英文学术期刊	（种）	0	3	0	2	0	1
# 实行开放存取的期刊	（种）	10	68	1	3	0	5
科技期刊总印数	（万册）	3463.60	3547.45	88.67	19.33	3137.50	3271.96
# 中文学术期刊	（万册）	85.32	83.64	28.67	12.63	43.19	27.85
# 科普期刊	（万册）	3353.78	3665.85	60.00	0	3093.31	3253.23
# 技术期刊	（万册）	24.50	46.31	0	7.98	1.00	3.38
# 英文学术期刊	（万册）	0	1.50	0	0.10	0	1.40
科技期刊发表论文数	（篇）	28228	16371	1064	728	20820	11947
# 英文期刊发表论文数	（篇）	0	144	0	100	0	44

7-1 续表

指　　标		副省级城市科协、省会城市科协		地级科协		县级科协	
		2016 年	2017 年	2016 年	2017 年	2016 年	2017 年
主办科技期刊	（种）	10	8	108	81	259	315
# 中文学术期刊	（种）	2	2	21	19	11	32
# 科普期刊	（种）	7	6	74	53	220	146
# 技术期刊	（种）	1	2	13	8	28	46
# 英文学术期刊	（种）	0	0	0	0	0	0
# 实行开放存取的期刊	（种）	1	1	5	15	3	44
科技期刊总印数	（万册）	44.04	39.89	67.90	52.45	125.48	163.82
# 中文学术期刊	（万册）	4.26	1.80	5.07	13.92	4.13	27.44
# 科普期刊	（万册）	39.18	37.49	58.93	39.00	102.36	336.13
# 技术期刊	（万册）	0.60	1.20	3.90	1.30	18.99	32.45
# 英文学术期刊	（万册）	0	0	0	0	0	0
科技期刊发表论文数	（篇）	772	379	3405	1603	2167	1714
# 英文期刊发表论文数	（篇）	0	0	0	0	0	0

7-2 2017 年全国学会、省级学会科技期刊汇总表

指标		学会合计		全国学会		省级学会	
		2016 年	2017 年	2016 年	2017 年	2016 年	2017 年
主办科技期刊	（种）	2088	2199	1015	1082	1073	1117
# 中文学术期刊	（种）	—	1570	—	814	—	756
# 科普期刊	（种）	—	294	—	82	—	212
# 技术期刊	（种）	—	598	—	181	—	417
# 英文学术期刊	（种）	—	168	—	153	—	15
# 实行开放存取的期刊	（种）	—	490	—	257	—	233
科技期刊总印数	（万册）	11086.69	5533.20	8670.02	3575.40	2416.67	1957.80
# 中文学术期刊	（万册）	2903.91	2988.71	1574.23	1784.59	1329.68	1204.12
# 科普期刊	（万册）	7424.69	2159.99	6671.58	1470.27	753.11	689.72
# 技术期刊	（万册）	687.61	798.27	364.21	367.38	323.40	430.89
# 英文学术期刊	（万册）	70.47	170.11	59.99	153.63	10.48	16.48
科技期刊发表论文数	（篇）	558000	524757	286874	291155	271126	233602
# 英文期刊发表论文数	（篇）	17074	22720	15673	16923	1401	5797

7-3 2017年各省级科协科技期刊

地区	主办科技期刊（种）	# 中文学术期刊（种）	# 科普期刊（种）	# 技术期刊（种）	# 英文学术期刊（种）	# 实行开放存取的期刊（种）
合计	**54**	**10**	**36**	**2**	**1**	**5**
北京	4	2	1	1	0	0
天津	2	2	0	0	0	0
河北	2	1	1	1	0	1
山西	2	0	1	0	0	0
内蒙古	1	0	1	0	0	0
辽宁	0	0	0	0	0	0
吉林	0	0	0	0	0	0
黑龙江	1	0	1	0	0	0
上海	2	0	1	0	1	0
江苏	7	0	7	0	0	0
浙江	2	1	1	0	0	1
安徽	0	0	0	0	0	0
福建	3	2	0	0	0	0
江西	2	0	0	0	0	0
山东	2	1	2	0	0	0
河南	3	0	3	0	0	0
湖北	2	1	0	0	0	1
湖南	1	0	1	0	0	0
广东	0	0	0	0	0	0
广西	1	0	1	0	0	0
海南	0	0	0	0	0	0
重庆	7	0	7	0	0	1
四川	5	0	5	0	0	0
贵州	0	0	0	0	0	0
云南	2	0	1	0	0	0
西藏	0	0	0	0	0	0
陕西	2	0	1	0	0	0
甘肃	0	0	0	0	0	0
青海	0	0	0	0	0	0
宁夏	0	0	0	0	0	0
新疆	1	0	1	0	0	1
新疆生产建设兵团	0	0	0	0	0	0

7-3 续表

地　　区	科技期刊总印数（册）	# 中文学术期刊（册）	# 科普期刊（册）	# 技术期刊（册）	# 英文学术期刊（册）	科技期刊发表论文数（篇）	# 英文期刊发表论文数（篇）
合　　计	**32719562**	**278450**	**32532262**	**33750**	**14000**	**11947**	**44**
北　　京	626500	24000	600000	2500	0	46	0
天　　津	4850	4850	0	0	0	160	0
河　　北	17000	12000	5000	0	0	2100	0
山　　西	31250	0	0	31250	0	0	0
内 蒙 古	40000	0	40000	0	0	0	0
辽　　宁	0	0	0	0	0	0	0
吉　　林	0	0	0	0	0	0	0
黑 龙 江	120000	0	120000	0	0	0	0
上　　海	255200	0	241200	0	14000	164	44
江　　苏	3667561	1800	3667561	0	0	1800	
浙　　江	854400	14400	840000	0	0	720	0
安　　徽	0	0	0	0	0	0	0
福　　建	46800	41400	0	0	0	554	
江　　西	1500	0	0	0	0	0	0
山　　东	194000	180000	194000	0	0	3075	0
河　　南	465000	0	465000	0	0	0	0
湖　　北	36000	0	0	0	0	0	0
湖　　南	1588320	0	1588320	0	0	0	0
广　　东	0	0	0	0	0	0	0
广　　西	794292	0	794292	0	0	0	0
海　　南	0	0	0	0	0	0	0
重　　庆	20072200	0	20072200	0	0	3328	0
四　　川	3181689	0	3181689	0	0	0	0
贵　　州	0	0	0	0	0	0	0
云　　南	30000	0	30000	0	0	0	0
西　　藏	0	0	0	0	0	0	0
陕　　西	8000	0	8000	0	0	0	0
甘　　肃	0	0	0	0	0	0	0
青　　海	0	0	0	0	0	0	0
宁　　夏	0	0	0	0	0	0	0
新　　疆	685000	0	685000	0	0	0	0
新疆生产建设兵团	0	0	0	0	0	0	0

7-4 2017年各副省级城市科协、省会城市科协科技期刊

城市	主办科技期刊（种）	# 中文学术期刊（种）	# 科普期刊（种）	# 技术期刊（种）	# 英文学术期刊（种）	# 实行开放存取的期刊（种）
合计	**8**	**2**	**6**	**2**	**0**	**1**
副省级城市小计	**2**	**0**	**1**	**1**	**0**	**1**
宁波*	0	0	0	0	0	0
厦门*	0	0	0	0	0	0
深圳*	1	0	0	1	0	1
青岛*	1	0	1	0	0	0
大连*	0	0	0	0	0	0
省会城市小计	**6**	**2**	**5**	**1**	**0**	**0**
石家庄	0	0	0	0	0	0
太原	0	0	0	0	0	0
呼和浩特	0	0	0	0	0	0
沈阳*	0	0	0	0	0	0
长春*	1	0	1	0	0	0
哈尔滨*	0	0	0	0	0	0
南京*	1	0	1	0	0	0
杭州*	0	0	0	0	0	0
合肥	1	1	0	0	0	0
福州	0	0	0	0	0	0
南昌	0	0	0	0	0	0
济南*	0	0	0	0	0	0
郑州	0	0	0	0	0	0
武汉*	1	1	0	1	0	0
长沙	0	0	0	0	0	0
广州*	0	0	1	0	0	0
南宁	0	0	0	0	0	0
海口	0	0	0	0	0	0
成都*	0	0	0	0	0	0
贵阳	1	0	1	0	0	0
昆明	1	0	1	0	0	0
拉萨	0	0	0	0	0	0
西安*	0	0	0	0	0	0
兰州	0	0	0	0	0	0
西宁	0	0	0	0	0	0
银川	0	0	0	0	0	0
乌鲁木齐	0	0	0	0	0	0

注：本表中城市（包括省会城市）名称后带“*”的为副省级城市。

7–4 续表

城　　市	科技期刊总印数（册）	# 中文学术期刊（册）	# 科普期刊（册）	# 技术期刊（册）	# 英文学术期刊（册）	科技期刊发表论文数（篇）	# 英文期刊发表论文数（篇）
合　　计	**398900**	**18000**	**374900**	**12000**	**0**	**379**	**0**
副省级城市小计	**296000**	**0**	**290000**	**6000**	**0**	**60**	**0**
宁　　波 *	0	0	0	0	0	0	0
厦　　门 *	0	0	0	0	0	0	0
深　　圳 *	6000	0	0	6000	0	20	0
青　　岛 *	290000	0	290000	0	0	40	0
大　　连 *	0	0	0	0	0	0	0
省会城市小计	**102900**	**18000**	**84900**	**6000**	**0**	**319**	**0**
石 家 庄	0	0	0	0	0	0	0
太　　原	0	0	0	0	0	0	0
呼和浩特	0	0	0	0	0	0	0
沈　　阳 *	0	0	0	0	0	0	0
长　　春 *	6000	0	6000	0	0	20	0
哈 尔 滨 *	0	0	0	0	0	0	0
南　　京 *	22000	0	22000	0	0	10	0
杭　　州 *	0	0	0	0	0	0	0
合　　肥	12000	12000	0	0	0	169	0
福　　州	0	0	0	0	0	0	0
南　　昌	0	0	0	0	0	0	0
济　　南 *	0	0	0	0	0	0	0
郑　　州	0	0	0	0	0	0	0
武　　汉 *	6000	6000	0	6000	0	120	0
长　　沙	0	0	0	0	0	0	0
广　　州 *	2400	0	2400	0	0	0	0
南　　宁	0	0	0	0	0	0	0
海　　口	0	0	0	0	0	0	0
成　　都 *	0	0	0	0	0	0	0
贵　　阳	2800	0	2800	0	0	0	0
昆　　明	51700	0	51700	0	0	0	0
拉　　萨	0	0	0	0	0	0	0
西　　安 *	0	0	0	0	0	0	0
兰　　州	0	0	0	0	0	0	0
西　　宁	0	0	0	0	0	0	0
银　　川	0	0	0	0	0	0	0
乌鲁木齐	0	0	0	0	0	0	0

7–5 2017年各地区地级科协科技期刊

地　区	主办科技期刊（种）	# 中文学术期刊（种）	# 科普期刊（种）	# 技术期刊（种）	# 英文学术期刊（种）	# 实行开放存取的期刊（种）
合　计	**81**	**19**	**53**	**8**	**0**	**15**
北　京	2	0	2	0	0	0
天　津	0	0	0	0	0	0
河　北	3	1	2	1	0	1
山　西	4	0	4	0	0	1
内蒙古	3	2	1	0	0	0
辽　宁	4	0	1	0	0	0
吉　林	0	0	0	0	0	0
黑龙江	0	0	0	0	0	0
上　海	0	0	0	0	0	0
江　苏	8	2	4	1	0	1
浙　江	8	0	7	0	0	2
安　徽	2	0	1	0	0	1
福　建	4	0	4	0	0	1
江　西	2	0	2	0	0	1
山　东	2	0	1	0	0	0
河　南	1	0	1	0	0	0
湖　北	1	0	1	0	0	0
湖　南	2	0	0	0	0	0
广　东	4	1	3	0	0	0
广　西	1	1	1	1	0	0
海　南	0	0	0	0	0	0
重　庆	1	0	1	0	0	0
四　川	1	0	1	0	0	0
贵　州	3	2	1	0	0	0
云　南	8	3	6	1	0	1
西　藏	0	0	0	0	0	0
陕　西	1	0	1	0	0	0
甘　肃	1	0	1	0	0	0
青　海	2	1	1	1	0	1
宁　夏	2	0	2	0	0	1
新　疆	3	1	2	0	0	1
新疆生产建设兵团	8	5	2	3	0	3

7-5 续表

地 区	科技期刊总印数（册）	#中文学术期刊（册）	#科普期刊（册）	#技术期刊（册）	#英文学术期刊（册）	科技期刊发表论文数（篇）	#英文期刊发表论文数（篇）
合 计	**524459**	**139203**	**390036**	**13004**	**0**	**1603**	**0**
北 京	37200	0	37200	0	0	8	0
天 津	0	0	0	0	0	0	0
河 北	8800	0	800	0	0	21	0
山 西	12006	0	12006	0	0	7	0
内蒙古	6800	800	6000	0	0	3	0
辽 宁	8400	0	8400	0	0	0	0
吉 林	0	0	0	0	0	0	0
黑龙江	0	0	0	0	0	0	0
上 海	0	0	0	0	0	0	0
江 苏	66011	6000	60010	1	0	80	0
浙 江	27100	0	47100	0	0	43	0
安 徽	4000	0	4000	0	0	48	0
福 建	38100	0	38100	0	0	6	0
江 西	13200	0	13200	0	0	10	0
山 东	3000	0	2000	0	0	12	0
河 南	2000	0	2000	0	0	0	0
湖 北	50000	0	50000	0	0	0	0
湖 南	0	0	0	0	0	0	0
广 东	6320	1200	5120	0	0	133	0
广 西	12000	0	0	0	0	0	0
海 南	0	0	0	0	0	0	0
重 庆	6000	0	6000	0	0	60	0
四 川	1000	0	1000	0	0	0	0
贵 州	4000	0	4000	0	0	0	0
云 南	24820	3200	22400	0	0	247	0
西 藏	0	0	0	0	0	0	0
陕 西	10000	0	10000	0	0	10	0
甘 肃	1500	0	1500	0	0	0	0
青 海	1202	1	1200	1	0	20	0
宁 夏	4000	0	22000	0	0	0	0
新 疆	32000	0	32000	0	0	64	0
新疆生产建设兵团	145000	128002	4000	13002	0	831	0

7−6　2017年各地区县级科协科技期刊

地　区	主办科技期刊（种）	# 中文学术期刊（种）	# 科普期刊（种）	# 技术期刊（种）	# 英文学术期刊（种）	# 实行开放存取的期刊（种）
合　计	**315**	**32**	**146**	**46**	**0**	**44**
河　北	22	5	9	4	0	4
山　西	22	3	13	2	0	6
内蒙古	7	1	5	3	0	4
辽　宁	10	3	6	3	0	2
吉　林	3	0	0	0	0	0
黑龙江	0	0	0	0	0	0
江　苏	10	1	7	3	0	1
浙　江	17	2	9	1	0	1
安　徽	7	1	3	2	0	0
福　建	5	0	4	0	0	0
江　西	15	0	3	3	0	1
山　东	27	3	19	6	0	8
河　南	10	0	9	0	0	2
湖　北	16	1	10	1	0	2
湖　南	28	5	9	5	0	5
广　东	6	0	2	0	0	1
广　西	16	4	5	4	0	4
海　南	6	0	5	5	0	0
重　庆	0	0	0	0	0	0
四　川	21	1	12	3	0	1
贵　州	5	0	1	0	0	0
云　南	11	1	3	0	0	1
西　藏	9	0	0	0	0	0
陕　西	8	0	2	1	0	1
甘　肃	10	1	3	0	0	0
青　海	7	0	0	0	0	0
宁　夏	9	0	7	0	0	0
新　疆	8	0	0	0	0	0

注：本表数据不含北京、天津和上海地区。

7-6 续表

地　区	科技期刊总印数（册）	# 中文学术期刊（册）	# 科普期刊（册）	# 技术期刊（册）	# 英文学术期刊（册）	科技期刊发表论文数（篇）	# 英文期刊发表论文数（篇）
合　计	**1638188**	**274400**	**3361311**	**324522**	**0**	**1714**	**0**
河　北	73000	33000	69900	63000	0	0	0
山　西	86100	10000	72600	13500	0	1	0
内蒙古	92800	12800	69200	23600	0	42	0
辽　宁	15700	11700	14700	3200	0	1	0
吉　林	0	0	0	0	0	0	0
黑龙江	0	0	0	0	0	0	0
江　苏	38160	0	36962	4002	0	380	0
浙　江	116050	0	1324050	0	0	157	0
安　徽	11400	0	17400	0	0	45	0
福　建	15500	10000	13500	0	0	0	0
江　西	25502	0	22502	3000	0	30	0
山　东	96500	0	56500	0	0	540	0
河　南	220500	0	220500	0	0	62	0
湖　北	98500	68000	51900	3220	0	83	0
湖　南	197836	128900	861947	207000	0	269	0
广　东	22000	0	22000	0	0	0	0
广　西	32590	0	30000	0	0	0	0
海　南	10000	0	6000	4000	0	0	0
重　庆	0	0	0	0	0	0	0
四　川	278300	0	251500	0	0	24	0
贵　州	4000	0	4000	0	0	30	0
云　南	5150	0	5150	0	0	1	0
西　藏	0	0	0	0	0	0	0
陕　西	151000	0	151000	0	0	0	0
甘　肃	17000	0	12000	0	0	48	0
青　海	0	0	0	0	0	0	0
宁　夏	28000	0	48000	0	0	1	0
新　疆	2600	0	0	0	0	0	0

7-7 2017年各地区省级学会科技期刊

地 区	主办科技期刊（种）	# 中文学术期刊（种）	# 科普期刊（种）	# 技术期刊（种）	# 英文学术期刊（种）	# 实行开放存取的期刊（种）
合 计	**1117**	**756**	**212**	**417**	**15**	**233**
北 京	31	21	4	13	0	5
天 津	52	31	7	15	0	6
河 北	28	20	8	14	1	8
山 西	26	18	5	6	1	4
内蒙古	23	17	6	9	0	8
辽 宁	42	31	5	14	1	9
吉 林	29	21	7	11	0	12
黑龙江	8	6	4	1	0	2
上 海	68	49	10	13	3	2
江 苏	64	38	16	35	1	22
浙 江	60	45	15	23	0	11
安 徽	36	29	4	13	1	2
福 建	55	43	6	22	0	18
江 西	39	25	8	16	0	9
山 东	46	28	7	14	2	2
河 南	40	21	4	9	0	0
湖 北	46	31	6	16	3	12
湖 南	57	44	18	28	1	16
广 东	55	40	8	24	0	12
广 西	33	27	4	14	0	10
海 南	7	5	2	3	0	1
重 庆	35	27	13	16	1	9
四 川	34	22	3	12	0	6
贵 州	35	21	11	19	0	17
云 南	25	14	4	9	0	5
西 藏	11	9	5	5	0	2
陕 西	56	32	8	16	0	9
甘 肃	2	0	1	0	0	0
青 海	16	12	1	4	0	4
宁 夏	19	8	4	10	0	3
新 疆	39	21	8	13	0	7

7-7 续表

地区	科技期刊总印数（册）	# 中文学术期刊（册）	# 科普期刊（册）	# 技术期刊（册）	# 英文学术期刊（册）	科技期刊发表论文数（篇）	# 英文期刊发表论文数（篇）
合计	**19578011**	**12041218**	**6897185**	**4308935**	**164806**	**233602**	**5797**
北京	905047	769248	24000	381000	0	5952	0
天津	930600	696100	229700	162200	0	14870	0
河北	658286	630086	396800	422236	0	14689	0
山西	218802	182301	14001	17400	5000	5255	67
内蒙古	262541	249641	6600	25400	0	16099	0
辽宁	459704	376905	16504	137304	12000	19287	260
吉林	163016	110924	76812	71600	0	1319	2000
黑龙江	72900	42300	3000	24000	0	925	10
上海	3844620	1689350	1883100	304170	27000	12875	502
江苏	638621	359942	104675	288040	0	12258	0
浙江	1862500	1757751	1269500	103101	0	6683	54
安徽	319968	305766	12500	91600	4000	5090	80
福建	888316	560418	38400	149322	0	14728	30
江西	812537	728837	141900	37000	0	5831	0
山东	971230	367334	429504	183210	5000	8058	50
河南	539280	385300	82400	71580		5665	
湖北	547898	158356	96600	142704	60006	8086	659
湖南	1791124	358952	1110484	538100	50000	6789	605
广东	815528	647948	65600	381304	0	6689	422
广西	362170	243820	5000	157550	0	3140	0
海南	7713	7713	13	1213	0	463	0
重庆	463151	278301	180701	85200	1800	4991	81
四川	454050	353850	11500	197350	0	19055	2
贵州	104484	92182	5800	18413	0	3234	0
云南	796750	160550	614400	100608	0	13452	377
西藏	12402	8400	6000	2160	0	189	0
陕西	349389	318969	7000	77876	0	7047	0
甘肃	600	0	600	0	0	0	0
青海	55200	40300	0	85700	0	1407	0
宁夏	92500	43850	7550	43352	0	6915	598
新疆	177084	115824	56541	8242	0	2561	0

八、科技开放与交流

简要说明

本篇统计资料为：

1. 汇总数据，反映中国科协、地方科协、全国学会和省级学会参与国际民间科技开放与交流情况。

2. 省级科协的统计数据为本年度加入国际民间科技组织、参加国际科学计划、双边合作交流项目等情况。

3. 副省级城市科协、省会城市科协、地级科协、县级科协、省级学会的统计数据为本年度加入国际民间科技组织、参加国际科学计划、双边合作交流项目等情况。

8-1　2017年各级科协科技开放与交流汇总表

指　　标		科协合计		中国科协机关及直属单位		省级科协	
		2016年	2017年	2016年	2017年	2016年	2017年
加入国际民间科技组织	（个）	1489	164	1480	6	2	4
任职专家	（位）	2145	18	2126	3	1	5
#高级别任职专家	（位）	742	5	738	0	0	4
#一般级别任职专家	（位）	1403	13	1388	3	1	1
参加国际科学计划	（项）	44	104	34	2	3	2
参加国外科技活动人数	（人次）	1983	4006	892	247	624	937
参加港澳台地区科技活动人数	（人次）	1527	3237	142	152	407	2092
接待国外专家学者	（人次）	10757	12947	1584	216	6359	7227
接待港澳台地区专家学者	（人次）	5208	4401	1860	375	1215	2086
双边合作交流项目	（个）	630	258	44	12	306	16

8-1 续表

指　　标		副省级城市科协、省会城市科协		地级科协		县级科协	
		2016 年	2017 年	2016 年	2017 年	2016 年	2017 年
加入国际民间科技组织	（个）	0	0	4	11	3	143
任职专家	（位）	0	0	13	3	5	7
# 高级别任职专家	（位）	0	0	1	1	3	0
# 一般级别任职专家	（位）	0	0	12	2	2	7
参加国际科学计划	（项）	0	0	3	8	4	92
参加国外科技活动人数	（人次）	68	1637	82	801	317	384
参加港澳台地区科技活动人数	（人次）	218	243	58	51	702	699
接待国外专家学者	（人次）	466	1184	845	1777	1503	2543
接待港澳台地区专家学者	（人次）	771	814	761	625	601	501
双边合作交流项目	（个）	18	17	132	68	130	145

8-2 2017年全国学会、省级学会科技开放与交流汇总表

指标		学会合计		全国学会		省级学会	
		2016年	2017年	2016年	2017年	2016年	2017年
加入国际民间科技组织	（个）	1034	795	481	400	553	395
任职专家	（位）	4634	1724	974	921	3660	803
# 高级别任职专家	（位）	1520	717	410	412	1110	305
# 一般级别任职专家	（位）	3114	1007	564	509	2550	498
参加国际科学计划	（项）	308	264	101	46	207	218
参加国外科技活动人数	（人次）	22915	35575	10654	19604	12261	15971
参加港澳台地区科技活动人数	（人次）	8697	227063	3225	222000	5472	5063
接待国外专家学者	（人次）	27519	25951	14136	12349	13383	13602
接待港澳台地区专家学者	（人次）	7181	6586	2862	2598	4319	3988
双边合作交流项目	（个）	407	398	135	123	272	275

8–3 2017年各省级科协科技开放与交流

地区	加入国际民间科技组织				参加国际科学计划（项）	参加国外科技活动人数（人次）	参加港澳台地区科技活动人数（人次）	接待国外专家学者（人次）	接待港澳台地区专家学者（人次）	双边合作交流项目（个）
	个数（个）	任职专家（位）	# 高级别任职专家（位）	# 一般级别任职专家（位）						
合计	**4**	**5**	**4**	**1**	**2**	**937**	**2092**	**7227**	**2086**	**16**
北京	0	0	0	0	1	53	26	570	142	1
天津	0	0	0	0	0	1	0	0	0	0
河北	0	0	0	0	0	0	0	0	0	0
山西	0	0	0	0	0	0	5	0	0	0
内蒙古	0	0	0	0	0	5	26	0	54	2
辽宁	0	0	0	0	0	0	0	0	0	0
吉林	0	0	0	0	0	31	68	0	17	0
黑龙江	0	0	0	0	0	0	3	0	0	0
上海	0	0	0	0	0	5	7	112	278	2
江苏	3	3	3	1	0	629	1164	5579	262	5
浙江	0	0	0	0	0	0	0	130	68	1
安徽	0	0	0	0	0	0	495	72	58	0
福建	0	0	0	0	0	14	6	70	650	3
江西	0	0	0	0	0	0	0	28	23	0
山东	0	0	0	0	0	0	0	0	3	0
河南	0	0	0	0	0	0	0	5	0	0
湖北	0	0	0	0	0	0	0	49	28	0
湖南	1	2	1	1	0	151	180	0	0	0
广东	0	0	0	0	0	13	83	35	302	0
广西	0	0	0	0	0	4	3	70	23	0
海南	0	0	0	0	0	0	0	11	0	1
重庆	0	0	0	0	0	0	0	456	50	0
四川	0	0	0	0	0	5	7	34	25	1
贵州	0	0	0	0	0	0	0	6	37	0
云南	0	0	0	0	1	20	7	0	0	0
西藏	0	0	0	0	0	0	0	0	0	0
陕西	0	0	0	0	0	0	0	0	66	0
甘肃	0	0	0	0	0	6	12	0	0	0
青海	0	0	0	0	0	0	0	0	0	0
宁夏	0	0	0	0	0	0	0	0	0	0
新疆	0	0	0	0	0	0	0	0	0	0
新疆生产建设兵团	0	0	0	0	0	0	0	0	0	0

8-4　2017年各副省级城市科协、省会城市科协科技开放与交流

城　　市	参加国际科学计划（项）	参加国外科技活动人数（人次）	参加港澳台地区科技活动人数（人次）	接待国外专家学者（人次）	接待港澳台地区专家学者（人次）	双边合作交流项目（个）
合　　计	**0**	**1637**	**243**	**1184**	**814**	**17**
副省级城市小计	**0**	**1619**	**32**	**268**	**352**	**4**
宁　　波*	0	1080	0	97	2	2
厦　　门*	0	0	0	10	350	2
深　　圳*	0	530	31	104	0	0
青　　岛*	0	0	0	0	0	0
大　　连*	0	9	1	57	0	0
省会城市小计	**0**	**18**	**211**	**916**	**462**	**13**
石 家 庄	0	0	0	0	0	0
太　　原	0	0	0	0	0	0
呼和浩特	0	0	0	0	0	0
沈　　阳*	0	0	0	0	0	0
长　　春*	0	0	0	0	0	0
哈 尔 滨*	0	0	0	0	0	0
南　　京*	0	0	71	78	6	0
杭　　州*	0	0	0	568	47	0
合　　肥	0	0	0	0	0	0
福　　州	0	0	0	5	8	0
南　　昌	0	0	0	0	20	0
济　　南*	0	15	10	90	0	10
郑　　州	0	0	0	4	0	0
武　　汉*	0	3	0	12	0	0
长　　沙	0	0	0	0	0	0
广　　州*	0	0	130	81	341	0
南　　宁	0	0	0	47	0	0
海　　口	0	0	0	0	0	0
成　　都*	0	0	0	0	0	0
贵　　阳	0	0	0	0	0	0
昆　　明	0	0	0	0	0	0
拉　　萨	0	0	0	0	0	0
西　　安*	0	0	0	31	40	3
兰　　州	0	0	0	0	0	0
西　　宁	0	0	0	0	0	0
银　　川	0	0	0	0	0	0
乌鲁木齐	0	0	0	0	0	0

注：本表中城市（包括省会城市）名称后带“*”的为副省级城市。

8-5　2017年各地区地级科协科技开放与交流

地　区	加入国际民间科技组织				参加国际科学计划（项）	参加国外科技活动人数（人次）	参加港澳台地区科技活动人数（人次）	接待国外专家学者（人次）	接待港澳台地区专家学者（人次）	双边合作交流项目（个）
	个数（个）	任职专家（位）	# 高级别任职专家（位）	# 一般级别任职专家（位）						
合　计	**11**	**3**	**1**	**2**	**8**	**801**	**51**	**1777**	**625**	**68**
北　京	0	0	0	0	0	0	0	0	0	0
天　津	0	0	0	0	0	2	0	3	60	1
河　北	0	0	0	0	0	0	0	37	1	0
山　西	0	0	0	0	0	0	0	2	0	0
内蒙古	0	0	0	0	0	2	3	0	0	0
辽　宁	3	0	0	0	3	0	0	0	0	2
吉　林	0	0	0	0	0	0	0	15	0	0
黑龙江	0	0	0	0	0	500	0	500	0	0
上　海	0	0	0	0	0	0	0	244	3	0
江　苏	2	2	0	2	2	28	8	421	225	54
浙　江	0	0	0	0	0	156	0	158	7	0
安　徽	1	1	1	0	0	57	3	44	62	5
福　建	0	0	0	0	0	0	0	1	1	0
江　西	0	0	0	0	0	0	0	0	0	0
山　东	0	0	0	0	0	20	0	94	1	1
河　南	0	0	0	0	0	0	0	0	0	0
湖　北	1	0	0	0	0	1	0	57	28	0
湖　南	1	0	0	0	1	0	1	0	0	1
广　东	0	0	0	0	0	1	31	29	201	2
广　西	0	0	0	0	0	0	1	4	0	0
海　南	0	0	0	0	0	0	0	0	0	0
重　庆	0	0	0	0	0	0	0	0	0	0
四　川	1	0	0	0	1	10	0	23	0	1
贵　州	0	0	0	0	0	0	1	0	36	0
云　南	0	0	0	0	0	0	3	140	0	0
西　藏	0	0	0	0	0	0	0	0	0	0
陕　西	0	0	0	0	0	0	0	0	0	0
甘　肃	0	0	0	0	0	0	0	0	0	0
青　海	0	0	0	0	0	0	0	0	0	0
宁　夏	0	0	0	0	0	0	0	0	0	0
新　疆	1	0	0	0	1	0	0	0	0	1
新疆生产建设兵团	1	0	0	0	0	24	0	5	0	0

8–6 2017 年各地区县级科协科技开放与交流

地 区	加入国际民间科技组织				参加国际科学计划（项）	参加国外科技活动人数（人次）	参加港澳台地区科技活动人数（人次）	接待国外专家学者（人次）	接待港澳台地区专家学者（人次）	双边合作交流项目（个）
	个数（个）	任职专家（位）	#高级别任职专家（位）	#一般级别任职专家（位）						
合 计	**143**	**7**	**0**	**7**	**92**	**384**	**699**	**2543**	**501**	**145**
河 北	15	0	0	0	12	0	0	5	0	10
山 西	4	0	0	0	5	0	0	0	0	6
内蒙古	2	5	0	5	2	16	0	13	72	2
辽 宁	3	0	0	0	4	0	0	3	0	4
吉 林	2	0	0	0	1	0	0	1	0	1
黑龙江	0	0	0	0	0	0	0	0	0	0
江 苏	6	2	0	2	3	134	16	2089	75	42
浙 江	6	0	0	0	6	156	0	154	173	10
安 徽	2	0	0	0	2	29	53	30	34	2
福 建	2	0	0	0	2	0	60	16	25	3
江 西	7	0	0	0	0	0	0	0	0	0
山 东	8	0	0	0	4	0	0	14	9	6
河 南	0	0	0	0	0	0	0	15	0	0
湖 北	5	0	0	0	3	0	0	1	3	4
湖 南	13	0	0	0	10	31	0	0	0	10
广 东	4	0	0	0	2	0	516	122	104	3
广 西	9	0	0	0	6	0	0	0	0	6
海 南	2	0	0	0	1	0	0	0	1	1
重 庆	0	0	0	0	0	0	0	0	0	0
四 川	7	0	0	0	4	0	0	78	1	4
贵 州	4	0	0	0	2	0	2	0	2	3
云 南	9	0	0	0	6	18	0	0	0	10
西 藏	6	0	0	0	3	0	0	0	0	2
陕 西	4	0	0	0	3	0	0	2	2	4
甘 肃	6	0	0	0	2	0	52	0	0	2
青 海	6	0	0	0	2	0	0	0	0	2
宁 夏	2	0	0	0	1	0	0	0	0	1
新 疆	9	0	0	0	6	0	0	0	0	7

注：本表数据不含北京、天津和上海地区。

8-7 2017年各地区省级学会科技开放与交流

地区	加入国际民间科技组织 个数（个）	任职专家（位）	#高级别任职专家（位）	#一般级别任职专家（位）	参加国际科学计划（项）	参加国外科技活动人数（人次）	参加港澳台地区科技活动人数（人次）	接待国外专家学者（人次）	接待港澳台地区专家学者（人次）	双边合作交流项目（个）
合计	**395**	**803**	**305**	**498**	**218**	**15971**	**5063**	**13602**	**3988**	**275**
北京	10	13	10	3	3	338	349	602	325	24
天津	30	11	7	4	12	98	7	311	82	11
河北	3	2	2	0	4	73	15	167	11	5
山西	4	10	3	7	0	61	3	135	74	4
内蒙古	1	5	5	0	0	30	15	193	12	3
辽宁	27	52	37	15	18	110	44	253	23	11
吉林	10	202	4	198	4	82	72	219	45	7
黑龙江	3	12	12	0	1	58	5	129	7	4
上海	9	13	10	3	3	264	108	1122	214	9
江苏	40	89	47	42	23	888	876	1553	398	28
浙江	14	17	6	11	7	3580	162	2815	148	8
安徽	8	7	3	4	4	41	31	105	29	4
福建	7	7	3	4	4	25	776	748	823	22
江西	15	3	1	2	10	57	57	104	88	14
山东	16	3	3	0	23	234	238	352	138	8
河南	0	0	0	0	0	63	2	275	46	0
湖北	20	35	12	23	8	173	130	302	55	8
湖南	36	23	4	19	15	136	35	1282	225	19
广东	38	28	27	1	9	373	1141	864	631	19
广西	6	8	4	4	2	95	509	193	55	4
海南	3	0	0	0	1	0	22	10	2	0
重庆	8	21	4	17	0	98	121	307	104	0
四川	11	20	7	13	10	8311	78	373	125	12
贵州	12	12	9	3	8	23	28	99	43	7
云南	9	1	0	1	6	53	0	77	14	7
西藏	2	0	0	0	0	6	0	12	0	1
陕西	20	13	4	9	12	416	120	646	178	11
甘肃	3	0	0	0	2	0	0	8	2	2
青海	7	3	0	3	5	31	41	76	5	6
宁夏	9	12	1	11	7	144	66	50	6	7
新疆	14	181	80	101	17	110	12	220	80	10

九、科学技术普及活动

简要说明

本篇统计资料为：

1. 汇总数据，反映中国科协、地方科协、全国学会和省级学会开展科普活动总体情况。

2. 地方科协和省级学会统计数据，分别反映各省级科协及其所属学会、副省级城市科协、省会城市科协、地级科协、县级科协开展科普活动的基本情况。

3. 相关统计指标包括：科普活动数量、参加科普活动的科技人员数量、学会参加科普活动的数量、科普活动覆盖面等。

9-1　2017年各级科协科普活动汇总表

指　　标		科协合计		中国科协机关及直属单位		省级科协	
		2016年	2017年	2016年	2017年	2016年	2017年
举办科普宣讲活动	（次）	287513	54440	2808	345	8208	3170
# 院士科普报告会	（次）	4200	1428	4	0	962	188
# 举办专题展览	（次）	47215	11567	26	12	1131	360
# 流动科技馆巡展	（次）	17339	6082	1144	3	1211	637
# 开展科技咨询	（次）	113525	25829	0	0	2394	812
宣讲活动受众人数	（万人次）	100191.13	34303.64	84558.40	22191.05	2863.31	4003.98
# 流动科技馆巡展受众人数	（万人次）	7839.82	5750.13	4042.00	2054.00	1636.60	1902.26
播放科技广播、影视节目	（小时）	16749108	570674375	190984	57947	1257000	1349591
# 电台电视台播放科技节目	（小时）	8299792	8959468	36120	16464	61253	293896
举办实用技术培训	（次）	221907	33466	98	20	6761	920
实用技术培训人数	（万人次）	3223.16	1986.34	4.50	0.17	739.65	780.71
推广新技术、新品种	（项）	54722	11605	46	11	2887	147
参加活动科技人员总数	（人次）	3393224	3328175	52316	645	595006	587554
# 专家人数	（人次）	305479	304502	1166	485	14723	50413
参加活动的学会、协会、研究会	（个次）	105193	107823	300	36	2439	2940
覆盖村	（个）	340582	297108	64	30	31422	34785
覆盖社区	（个）	96531	80462	22	0	4493	4154

9-1　续表

指　　标		副省级城市科协、省会城市科协		地级科协		县级科协	
		2016 年	2017 年	2016 年	2017 年	2016 年	2017 年
举办科普宣讲活动	（次）	8690	2697	47693	10181	220114	38047
# 院士科普报告会	（次）	182	147	744	372	2308	721
# 举办专题展览	（次）	469	915	10106	1822	35483	8458
# 流动科技馆巡展	（次）	219	206	4225	2198	10540	3038
# 开展科技咨询	（次）	746	468	15052	3640	95333	20909
宣讲活动受众人数	（万人次）	1325.10	275.39	3079.13	1897.68	8365.21	5935.53
# 流动科技馆巡展受众人数	（万人次）	67.95	64.14	705.74	485.15	1387.53	1244.58
播放科技广播、影视节目	（小时）	218980	681170	5766677	559533762	9315467	9051905
# 电台电视台播放科技节目	（小时）	26825	641461	4989287	4985295	3186307	3022352
举办实用技术培训	（次）	5659	1403	31850	3170	177539	27953
实用技术培训人数	（万人次）	54.46	20.30	396.56	121.27	2027.98	1063.90
推广新技术、新品种	（项）	867	260	13081	1140	37841	10047
参加活动科技人员总数	（人次）	633911	60240	530816	783791	1581175	1895945
# 专家人数	（人次）	18504	9558	61660	60631	209426	183415
参加活动的学会、协会、研究会	（个次）	1021	2667	20170	17164	81263	85016
覆盖村	（个）	3361	2692	37781	46603	267954	212998
覆盖社区	（个）	4973	5693	20785	19524	66258	51091

9-2 2017年全国学会、省级学会科普活动汇总表

指 标		学会合计		全国学会		省级学会	
		2016年	2017年	2016年	2017年	2016年	2017年
举办科普宣讲活动	(次)	113350	11978	19819	1976	93531	10002
# 院士科普报告会	(次)	1558	546	375	118	1183	428
# 举办专题展览	(次)	15507	2223	2968	379	12539	1844
# 流动科技馆巡展	(次)	2946	328	198	21	2748	307
# 开展科技咨询	(次)	41140	6040	10927	524	30213	5516
宣讲活动受众人数	(万人次)	24218.24	136685.60	16470.16	130915.92	7748.09	5769.69
# 流动科技馆巡展受众人数	(万人次)	188.60	661.17	29.13	467.19	159.46	193.98
播放科技广播、影视节目	(小时)	696536	16761542	65749	15051359	630787	1710183
# 电台电视台播放科技节目	(小时)	178718	233566	7650	16711	171068	216855
举办实用技术培训	(次)	31737	3643	1910	523	29827	3120
实用技术培训人数	(万人次)	202.03	107.04	14.12	9.14	187.91	97.90
推广新技术、新品种	(项)	7735	1205	647	190	7088	1015
参加活动科技人员总数	(人次)	1402759	1380391	229435	274565	1173324	1105826
# 专家人数	(人次)	156377	139144	15896	31989	140481	107155
参加活动的学会、协会、研究会	(个次)	20981	23203	1627	5403	19354	17800
覆盖村	(个)	65696	71136	4346	35463	61350	35673
覆盖社区	(个)	28380	27343	4116	3951	24264	23392

9–3　2017年各省级科协科普活动

地　区	举办科普宣讲活动（次）	# 院士科普报告会（次）	# 举办专题展览（次）	# 流动科技馆巡展（次）	# 开展科技咨询（次）	宣讲活动受众人数（人次）	# 流动科技馆巡展受众人数（人次）
合　计	**3170**	**188**	**360**	**637**	**812**	**40039847**	**19022617**
北　京	345	27	12	8	0	660261	110000
天　津	343	2	3	1	322	151538	510
河　北	65	1	8	52	1	1241750	1199700
山　西	165	43	11	54	56	773600	661000
内蒙古	54	2	1	7	42	1312665	260816
辽　宁	61	0	6	12	0	1084160	323000
吉　林	20	2	8	2	5	1027590	622000
黑龙江	48	2	6	26	8	3275354	1507710
上　海	32	0	14	1	3	329065	4000
江　苏	479	29	8	58	14	2159847	1702499
浙　江	135	2	15	32	34	3085555	849100
安　徽	50	0	3	40	3	1701866	1673465
福　建	95	7	3	22	6	1183590	711000
江　西	148	0	3	18	0	751089	724968
山　东	4	2	0	0	0	30300	0
河　南	18	0	3	1	4	795500	450000
湖　北	5	2	0	0	0	41169	0
湖　南	38	0	3	35	0	1711563	1509313
广　东	199	9	60	14	115	685114	500304
广　西	32	1	6	9	2	1608550	1208000
海　南	6	0	0	3	3	356410	320500
重　庆	95	50	10	2	22	667330	54070
四　川	89	0	31	43	0	1943448	1798191
贵　州	66	0	4	42	20	957793	917283
云　南	88	1	12	55	13	1492388	1096944
西　藏	12	0	1	1	4	43423	1000
陕　西	67	0	18	26	13	8265675	487296
甘　肃	1	1	0	0	0	12000	0
青　海	105	1	41	25	0	942608	246595
宁　夏	88	0	19	15	4	484270	49953
新　疆	217	4	51	33	118	1264376	33400
新疆生产建设兵团	0	0	0	0	0	0	0

9–3 续表 1

地 区	播放科技广播、影视节目（小时）	#电台电视台播放科技节目（小时）	举办实用技术培训（次）	实用技术培训人数（人次）	推广新技术、新品种（项）
合 计	**1349591**	**293896**	**920**	**7807127**	**147**
北 京	840	180	166	9501	43
天 津	90	90	218	20758	4
河 北	0	0	2	10320	41
山 西	2159	1588	73	59408	2
内 蒙 古	7790	0	14	1629	0
辽 宁	1500	0	0	0	0
吉 林	124602	121530	5	32040	15
黑 龙 江	315016	14	2	140300	2
上 海	12207	5610	16	1002	0
江 苏	9080	2260	10	2061	4
浙 江	8002	4901	0	0	0
安 徽	0	0	3	205	0
福 建	127200	7200	6	730	3
江 西	0	0	115	7659	0
山 东	80	80	25	5180	26
河 南	81000	0	0	0	0
湖 北	0	0	118	142442	0
湖 南	364	0	0	0	0
广 东	430	0	1	43	0
广 西	141020	170	18	7030	0
海 南	8970	7400	12	1080	0
重 庆	163332	22482	17	1110	2
四 川	3400	3400	11	1690	0
贵 州	1320	1320	48	2880	0
云 南	37286	213	11	1993	0
西 藏	0	0	3	627	0
陕 西	904	904	6	132301	0
甘 肃	0	0	0	0	0
青 海	103490	1801	10	830	5
宁 夏	979	463	6	2700	0
新 疆	198530	112290	4	7221608	0
新疆生产建设兵团	0	0	0	0	0

9-3 续表 2

地　区	参加活动科技人员总数（人次）	#专家人数（人次）	参加活动的学会、协会、研究会（个次）	覆盖村（个）	覆盖社区（个）
合　计	**587554**	**50413**	**2940**	**34785**	**4154**
北　京	2887	1904	261	249	458
天　津	15506	674	568	62	266
河　北	878	75	19	75	28
山　西	21334	1424	233	23211	117
内蒙古	393	98	37	50	72
辽　宁	130	0	0	850	50
吉　林	1799	492	88	972	495
黑龙江	13282	3759	197	482	123
上　海	18861	4831	65	27	262
江　苏	80858	857	494	129	901
浙　江	1650	276	21	15	40
安　徽	484	89	8	3	4
福　建	3151	336	53	189	30
江　西	927	463	1	0	20
山　东	2581	920	51	95	192
河　南	719	353	10	0	0
湖　北	456	219	1	210	10
湖　南	370	0	0	1	0
广　东	92348	142	13	1	75
广　西	514	37	0	2	10
海　南	76916	436	273	114	69
重　庆	5628	173	42	52	192
四　川	240	200	30	7000	200
贵　州	1763	170	85	40	11
云　南	20735	364	39	10	87
西　藏	149	45	25	17	14
陕　西	125777	20971	70	64	2
甘　肃	10	5	0	176	86
青　海	7005	350	75	149	84
宁　夏	4955	174	78	392	158
新　疆	85248	10576	103	148	98
新疆生产建设兵团	0	0	0	0	0

9-4 2017年各副省级城市科协、省会城市科协科普活动

城　　市	举办科普宣讲活动（次）	#院士科普报告会（次）	#举办专题展览（次）	#流动科技馆巡展（次）	#开展科技咨询（次）	宣讲活动受众人数（人次）	#流动科技馆巡展受众人数（人次）
合　　计	**2677**	**147**	**909**	**206**	**457**	**2623988**	**641416**
副省级城市小计	**464**	**9**	**147**	**59**	**237**	**673206**	**320690**
宁　　波*	6	2	0	0	4	52500	0
厦　　门*	11	0	0	0	0	13546	0
深　　圳*	130	0	3	0	127	84970	0
青　　岛*	250	6	103	36	104	448000	259200
大　　连*	67	1	41	23	2	74190	61490
省会城市小计	**2213**	**138**	**762**	**147**	**220**	**1950782**	**320726**
石家庄	21	0	3	0	3	2418	0
太　　原	1	0	1	0	0	3000	0
呼和浩特	3	0	3	0	0	600	0
沈　　阳*	32	0	15	0	17	12900	0
长　　春*	146	5	5	3	102	40100	18000
哈尔滨*	19	0	0	3	5	55690	32000
南　　京*	184	1	43	37	57	204791	100705
杭　　州*	419	3	403	9	4	460868	20465
合　　肥	13	1	0	1	0	9020	4500
福　　州	7	0	0	0	0	18640	0
南　　昌	14	0	2	0	1	7710	0
济　　南*	87	0	87	0	0	110561	0
郑　　州	44	30	1	1	9	18656	5000
武　　汉*	364	11	18	35	5	723894	60000
长　　沙	0	0	0	0	0	0	0
广　　州*	643	81	7	0	5	77288	0
南　　宁	17	3	0	0	2	4020	0
海　　口	0	0	0	0	0	0	0
成　　都*	1	0	0	0	1	2000	0
贵　　阳	6	0	3	0	0	3400	0
昆　　明	0	0	0	0	0	0	0
拉　　萨	16	0	11	2	3	13500	8000
西　　安*	12	3	3	1	4	98170	42000
兰　　州	1	0	0	0	0	20000	0
西　　宁	2	0	2	2	2	32000	17000
银　　川	6	0	0	0	0	3200	0
乌鲁木齐	155	0	155	53	0	28356	13056

注：本表中城市（包括省会城市）名称后带“*”的为副省级城市。

9-4 续表 1

城　　市	播放科技广播、影视节目（小时）	# 电台电视台播放科技节目（小时）	举办实用技术培训（次）	实用技术培训人数（人次）	推广新技术、新品种（项）
合　计	**681170**	**641461**	**1375**	**199186**	**259**
副省级城市小计	**624265**	**623200**	**49**	**82572**	**2**
宁　　波 *	2200	2200	1	7972	0
厦　　门 *	0	0	11	600	2
深　　圳 *	1065	0	0	0	0
青　　岛 *	621000	621000	37	74000	0
大　　连 *	0	0	0	0	0
省会城市小计	**56905**	**18261**	**1326**	**116614**	**257**
石 家 庄	30	0	13	1110	1
太　　原	0	0	1	20	1
呼和浩特	0	0	0	0	1
沈　　阳 *	0	0	59	3779	58
长　　春 *	180	180	85	4250	5
哈 尔 滨 *	0	0	0	0	0
南　　京 *	50	0	5	42297	185
杭　　州 *	9447	8158	3	370	0
合　　肥	1040	1040	2	530	0
福　　州	1200	1200	4	380	0
南　　昌	450	450	0	0	0
济　　南 *	5000	1500	1112	58936	2
郑　　州	3	3	10	1780	0
武　　汉 *	500	0	3	250	2
长　　沙	0	0	0	0	0
广　　州 *	1550	1500	2	200	0
南　　宁	120	120	1	80	2
海　　口	0	0	0	0	0
成　　都 *	0	0	0	0	0
贵　　阳	3160	3160	0	0	0
昆　　明	0	0	0	0	0
拉　　萨	21900	0	0	0	0
西　　安 *	1000	0	0	0	0
兰　　州	4665	810	0	0	0
西　　宁	1560	0	16	1259	0
银　　川	40	0	9	1173	0
乌鲁木齐	5010	140	1	200	0

9-4 续表 2

城　市	参加活动科技人员总数（人次）	# 专家人数（人次）	参加活动的学会、协会、研究会（个次）	覆盖村（个）	覆盖社区（个）
合　计	**59761**	**9445**	**2634**	**2689**	**5693**
副省级城市小计	**13392**	**710**	**410**	**401**	**0**
宁　波 *	2370	286	213	0	10
厦　门 *	602	78	23	12	0
深　圳 *	8966	178	110	0	111
青　岛 *	580	97	47	60	200
大　连 *	874	71	17	329	62
省会城市小计	**46369**	**8735**	**2224**	**2288**	0
石 家 庄	482	135	23	25	34
太　原	134	9	0	300	500
呼和浩特	272	200	5	3	3
沈　阳 *	1186	206	72	360	537
长　春 *	174	15	5	146	43
哈 尔 滨 *	270	20	234	195	187
南　京 *	18128	5796	372	152	984
杭　州 *	2401	72	13	30	200
合　肥	643	23	53	120	180
福　州	380	20	21	0	0
南　昌	209	76	11	137	286
济　南 *	1823	1243	1208	130	300
郑　州	4107	128	12	0	112
武　汉 *	4285	25	4	3	7
长　沙	0	0	0	0	0
广　州 *	4675	589	22	235	1231
南　宁	648	44	34	10	15
海　口	0	0	0	0	0
成　都 *	0	0	0	0	0
贵　阳	398	2	0	61	89
昆　明	0	0	0	0	15
拉　萨	124	23	34	5	5
西　安 *	5466	51	33	12	140
兰　州	0	0	0	220	275
西　宁	178	52	68	24	17
银　川	6	6	0	120	150
乌鲁木齐	380	0	0	0	0

9–5 2017年各地区地级科协科普活动

地区	举办科普宣讲活动（次）	#院士科普报告会（次）	#举办专题展览（次）	#流动科技馆巡展（次）	#开展科技咨询（次）	宣讲活动受众人数（人次）	#流动科技馆巡展受众人数（人次）
合计	**10181**	**372**	**1822**	**2198**	**3640**	**18976834**	**4851466**
北京	2214	4	79	932	1037	1311010	384570
天津	1035	5	58	227	538	588713	40060
河北	90	1	5	3	14	535050	31300
山西	61	27	10	5	14	401793	195000
内蒙古	510	109	209	107	75	578402	228000
辽宁	271	0	61	48	73	129915	18496
吉林	42	1	8	2	31	56312	3500
黑龙江	76	2	7	23	23	239231	91100
上海	700	81	121	29	231	2171316	184773
江苏	628	30	105	104	216	963746	114105
浙江	375	7	65	49	113	785468	90050
安徽	350	13	47	17	94	204182	46945
福建	138	7	27	54	31	321238	225398
江西	157	2	34	33	72	208003	55810
山东	322	4	102	48	89	451617	110236
河南	468	4	212	102	175	1034205	436430
湖北	160	37	56	36	27	540034	190658
湖南	64	3	17	17	35	1578954	627700
广东	1029	5	210	181	59	1356704	112984
广西	113	0	19	8	29	247231	67600
海南	5	0	0	0	5	1350	0
重庆	396	5	58	0	294	688045	0
四川	154	2	24	14	87	948763	283358
贵州	83	1	41	5	22	619660	218280
云南	157	17	85	2	39	548350	51960
西藏	19	0	8	5	15	28503	2050
陕西	95	1	14	15	35	804491	187600
甘肃	146	1	38	40	54	729726	498861
青海	9	0	0	0	8	17950	0
宁夏	18	0	6	6	5	85965	53010
新疆	257	1	86	80	76	721727	253332
新疆生产建设兵团	39	2	10	6	24	79180	48300

9-5 续表 1

地区	播放科技广播、影视节目（小时）	#电台电视台播放科技节目（小时）	举办实用技术培训（次）	实用技术培训人数（人次）	推广新技术、新品种（项）
合　计	**559533762**	**4985295**	**3170**	**1212651**	**1140**
北　京	4360556	4301380	277	27871	102
天　津	74705	7725	525	55589	146
河　北	1240	1140	17	4060	1
山　西	27005	26985	23	63346	8
内蒙古	11961	9131	53	16830	6
辽　宁	19228	14656	69	11658	60
吉　林	32580	2580	14	3150	17
黑龙江	553656105	4285	35	18228	6
上　海	213121	5701	314	68014	75
江　苏	165507	125565	333	93046	127
浙　江	44811	43839	35	2537	4
安　徽	32260	20730	30	23170	15
福　建	17095	17095	66	6035	19
江　西	156165	6375	49	10103	3
山　东	150144	135365	119	20620	58
河　南	46025	22870	173	39167	165
湖　北	16948	7948	33	82867	15
湖　南	4076	4076	19	2262	6
广　东	88355	83195	39	9424	16
广　西	22735	9990	65	7909	6
海　南	0	0	18	1347	0
重　庆	108935	28915	324	73588	131
四　川	19266	12187	90	17276	48
贵　州	6750	6360	40	11663	10
云　南	101583	16781	69	32267	7
西　藏	7891	1560	5	2242	3
陕　西	3335	2805	165	27828	23
甘　肃	74237	13491	102	113041	8
青　海	168	168	1	80	1
宁　夏	1200	1200	11	7543	2
新　疆	43730	33062	17	294497	20
新疆生产建设兵团	26045	18135	40	65393	32

9-5 续表 2

地　　区	参加活动科技人员总数（人次）	# 专家人数（人次）	参加活动的学会、协会、研究会（个次）	覆盖村（个）	覆盖社区（个）
合　　计	**783791**	**60631**	**17164**	**46603**	**19524**
北　　京	24082	2771	2553	1535	3860
天　　津	11645	2518	280	1482	1169
河　　北	2489	332	188	2180	395
山　　西	1841	375	168	5655	422
内 蒙 古	4297	1340	323	549	391
辽　　宁	5872	866	667	2059	590
吉　　林	41683	265	81	303	70
黑 龙 江	5610	758	98	831	209
上　　海	95640	9208	1481	1073	2081
江　　苏	85547	3212	885	3910	1973
浙　　江	71857	2782	687	393	222
安　　徽	3396	790	714	340	375
福　　建	4899	632	86	789	300
江　　西	6086	1074	364	316	306
山　　东	8360	1932	580	8905	1473
河　　南	7689	1698	660	1898	399
湖　　北	14463	10101	601	661	354
湖　　南	12664	1277	360	542	441
广　　东	16865	4550	1283	1969	546
广　　西	8967	1158	350	644	246
海　　南	1368	7	14	42	28
重　　庆	28343	2834	874	3466	1502
四　　川	5346	1255	789	1054	867
贵　　州	4153	1297	309	442	151
云　　南	3652	799	603	923	278
西　　藏	347	63	22	169	14
陕　　西	24199	2928	799	566	126
甘　　肃	5780	626	871	1550	180
青　　海	10454	119	111	443	53
宁　　夏	1267	142	134	326	68
新　　疆	256098	352	188	1209	254
新疆生产建设兵团	8832	2570	41	379	181

9–6　2017 年各地区县级科协科普活动

地　　区	举办科普宣讲活动（次）	# 院士科普报告会（次）	# 举办专题展览（次）	# 流动科技馆巡展（次）	# 开展科技咨询（次）	宣讲活动受众人数（人次）	# 流动科技馆巡展受众人数（人次）
合　　计	**38047**	**721**	**8458**	**3038**	**20909**	**59355291**	**12445781**
河　　北	842	21	221	63	490	1551176	676556
山　　西	671	36	177	41	395	909763	278184
内 蒙 古	1314	48	330	197	615	1475877	335463
辽　　宁	2080	12	410	134	1016	1272642	173889
吉　　林	721	4	86	61	536	663433	276922
黑 龙 江	1410	5	351	66	731	1316218	191275
江　　苏	4112	86	859	450	2235	5689561	566395
浙　　江	3356	62	220	146	1136	2376232	238132
安　　徽	2013	20	445	88	1144	1882924	479032
福　　建	1305	11	370	140	626	1325301	226990
江　　西	867	11	283	40	537	1252136	431465
山　　东	2290	45	499	235	1276	4473640	523885
河　　南	1769	15	623	136	1022	5648083	1141251
湖　　北	2515	137	857	191	1247	2022336	394622
湖　　南	865	14	291	110	494	3371955	1453492
广　　东	1541	72	451	96	557	2404434	635119
广　　西	726	5	118	41	511	1798175	369478
海　　南	97	4	37	4	61	265748	73100
重　　庆	132	2	27	0	97	298641	0
四　　川	2715	28	354	102	2037	4823842	780546
贵　　州	872	5	190	114	648	2379445	635400
云　　南	1361	25	383	63	827	3154829	351757
西　　藏	293	0	74	38	163	611990	22251
陕　　西	1700	22	264	100	1165	2111278	514812
甘　　肃	835	7	259	146	461	2622980	1071902
青　　海	57	1	23	10	24	128621	17258
宁　　夏	371	8	78	19	201	1060716	186280
新　　疆	1217	15	178	207	657	2463315	400325

注：本表数据不含北京、天津和上海地区。

9-6 续表 1

地　区	播放科技广播、影视节目（小时）	#电台电视台播放科技节目（小时）	举办实用技术培训（次）	实用技术培训人数（人次）	推广新技术、新品种（项）
合　计	**9051905**	**3022352**	**27953**	**10638966**	**10047**
河　北	57877	41857	521	292007	201
山　西	99788	73573	394	151902	100
内蒙古	132412	106751	1153	367830	293
辽　宁	100538	60032	1735	293786	538
吉　林	27820	20470	711	162736	128
黑龙江	55610	47840	1382	432017	271
江　苏	263664	145493	1430	400092	397
浙　江	2742028	468195	2731	413831	380
安　徽	375827	104876	631	187604	332
福　建	497104	365877	812	102894	144
江　西	36601	26686	572	107013	108
山　东	337128	139632	1638	805414	795
河　南	149109	126903	1003	664881	537
湖　北	171700	65392	1245	473189	231
湖　南	201560	82243	635	395357	2772
广　东	173098	94391	499	99838	194
广　西	119000	83057	1134	308205	232
海　南	19040	18450	156	23691	34
重　庆	1733390	20517	108	49881	14
四　川	536122	302809	1907	849660	849
贵　州	173761	92809	571	196674	88
云　南	246734	75830	2715	659741	333
西　藏	12998	2027	123	35131	96
陕　西	218998	94032	1330	633325	400
甘　肃	208727	164447	668	531483	316
青　海	6580	6150	55	37010	21
宁　夏	18009	9321	340	65231	80
新　疆	336682	182692	1754	1898543	163

9-6 续表 2

地　区	参加活动科技人员总数（人次）	# 专家人数（人次）	参加活动的学会、协会、研究会（个次）	覆盖村（个）	覆盖社区（个）
合　计	**1895945**	**183415**	**85016**	**212998**	**51091**
河　北	59176	3128	1747	10358	1577
山　西	42037	1880	3010	8784	1372
内蒙古	45202	3838	1715	6211	1393
辽　宁	229928	5852	3156	7553	3141
吉　林	15802	3349	2360	2876	807
黑龙江	22104	3284	1756	4338	1388
江　苏	254412	16257	3490	8818	5582
浙　江	115870	24104	6109	12639	2987
安　徽	68269	6225	3320	6098	2015
福　建	35414	6087	3581	7186	1800
江　西	33012	4936	2548	4417	1189
山　东	63279	16647	3822	32606	4993
河　南	93732	12036	5915	16400	2462
湖　北	73303	7871	8322	7812	2145
湖　南	98769	10458	6333	10116	2293
广　东	44795	4638	2593	5907	3284
广　西	72374	4561	2718	6891	1222
海　南	7363	636	233	999	164
重　庆	5299	791	584	1306	174
四　川	97090	14418	6530	16593	3417
贵　州	62907	5144	2691	5330	1108
云　南	50754	7051	2750	6438	1503
西　藏	34008	558	254	1824	98
陕　西	58071	7072	3295	7417	1505
甘　肃	67116	3971	4215	6108	1383
青　海	11770	443	125	1253	118
宁　夏	6001	1137	649	876	262
新　疆	128088	7043	1195	5844	1709

9-7　2017年各地区省级学会科普活动

地　区	举办科普宣讲活动（次）	#院士科普报告会（次）	#举办专题展览（次）	#流动科技馆巡展（次）	#开展科技咨询（次）	宣讲活动受众人数（人次）	#流动科技馆巡展受众人数（人次）
合　计	**10002**	**428**	**1844**	**307**	**5516**	**57696856**	**1939824**
北　京	1386	41	85	26	832	6238289	27978
天　津	322	8	48	8	144	433967	12398
河　北	137	3	38	11	66	1775810	1211680
山　西	243	8	44	4	179	1566446	30420
内蒙古	331	7	33	5	235	466896	25790
辽　宁	258	0	47	6	150	200438	14730
吉　林	284	10	34	7	202	31081276	13100
黑龙江	144	20	43	5	66	358045	3080
上　海	748	41	139	44	436	748160	27728
江　苏	655	34	161	19	340	1081844	31111
浙　江	452	20	46	11	253	1863481	22136
安　徽	129	8	19	2	68	160348	1860
福　建	328	1	100	8	193	617653	11962
江　西	437	2	47	4	306	814883	14572
山　东	266	12	80	18	114	1892633	61750
河　南	184	3	37	0	74	670865	0
湖　北	180	9	49	13	58	240455	11752
湖　南	519	28	253	10	214	1041837	23855
广　东	915	109	117	17	606	1673795	10303
广　西	127	13	21	10	66	333659	6615
海　南	29	0	8	3	13	258140	1950
重　庆	312	6	68	0	171	1137056	0
四　川	225	22	44	12	109	181770	14000
贵　州	104	3	15	6	82	104446	2870
云　南	93	1	23	1	46	630116	1500
西　藏	28	0	5	2	24	305237	292864
陕　西	245	12	99	11	86	976555	11280
甘　肃	16	1	4	1	12	15840	110
青　海	106	0	23	0	60	106312	0
宁　夏	82	4	24	3	55	235998	1950
新　疆	717	2	90	40	256	484606	50480

9-7 续表 1

地　　区	播放科技广播、影视节目（小时）	#电台电视台播放科技节目（小时）	举办实用技术培训（次）	实用技术培训人数（人次）	推广新技术、新品种（项）
合　　计	**1710183**	**216855**	**3120**	**979001**	**1015**
北　　京	1270	556	227	16537	94
天　　津	9880	9650	78	11118	58
河　　北	420	135	97	12097	10
山　　西	7655	7545	23	82939	14
内 蒙 古	3623	2205	101	35640	14
辽　　宁	5779	273	123	14441	56
吉　　林	11281	2040	104	53185	31
黑 龙 江	1372	1354	18	2366	5
上　　海	3965	3019	112	12574	37
江　　苏	4545	1305	252	30978	120
浙　　江	20760	17738	280	140512	40
安　　徽	1660	430	62	12402	39
福　　建	532	200	130	10306	28
江　　西	2243	2188	86	8444	26
山　　东	21547	9677	200	22449	52
河　　南	36182	62	63	36350	41
湖　　北	4507	3480	70	21610	27
湖　　南	4391	1245	55	15123	13
广　　东	4568	2471	210	31939	33
广　　西	450	165	53	8174	23
海　　南	0	0	33	5624	0
重　　庆	10912	5894	108	28038	31
四　　川	1308619	2510	172	30009	59
贵　　州	920	308	56	5937	11
云　　南	9435	260	57	16288	8
西　　藏	29	29	21	4096	4
陕　　西	22378	22129	82	29336	38
甘　　肃	0	0	4	401	2
青　　海	5550	5550	54	6821	29
宁　　夏	737	607	31	2917	19
新　　疆	204973	113830	158	270350	53

9-7 续表 2

地　区	参加活动科技人员总数（人次）	# 专家人数（人次）	参加活动的学会、协会、研究会（个次）	覆盖村（个）	覆盖社区（个）
合　计	**1105826**	**107155**	**17800**	**35673**	**23392**
北　京	45581	6235	1987	638	954
天　津	38555	2953	559	944	209
河　北	10477	2987	321	456	552
山　西	7639	1329	144	502	204
内蒙古	8828	1948	250	1298	307
辽　宁	22189	2094	420	824	253
吉　林	137667	2771	641	790	267
黑龙江	2378	699	136	362	126
上　海	46838	8384	643	3276	4500
江　苏	110835	11051	1485	3355	4087
浙　江	45943	4797	626	4622	2457
安　徽	11144	2819	265	346	114
福　建	26756	2646	608	413	436
江　西	7374	2288	418	1569	326
山　东	41066	4691	633	3250	995
河　南	32093	4303	611	57	29
湖　北	24915	2321	1302	831	270
湖　南	56148	6297	426	3503	1385
广　东	65467	8650	1381	1697	2293
广　西	16350	1393	312	223	182
海　南	7074	451	87	42	51
重　庆	26642	5775	702	805	624
四　川	73520	3593	591	566	883
贵　州	6136	1406	188	132	83
云　南	7127	1620	274	1182	141
西　藏	3485	351	106	54	3
陕　西	43463	9004	1525	1808	919
甘　肃	821	135	29	2	0
青　海	2586	869	104	186	63
宁　夏	9394	1099	202	173	317
新　疆	167335	2196	824	1767	362

十、青少年科技教育

简要说明

本篇统计资料为：

1. 汇总数据，反映中国科协、地方科协、全国学会和省级学会开展青少年科技教育总体情况。

2. 地方科协和省级学会统计数据，分别反映各省级科协及其所属学会、副省级城市科协、省会城市科协、地级科协、县级科协开展青少年科技活动的情况。

3. 相关统计指标包括：反映举办青少年科普宣讲活动数量和受众人数，举办青少年科技竞赛数量和获奖情况，青少年参加国际和港澳台科技交流活动的数量等。

10-1 2017年各级科协青少年科技教育汇总表

指 标		科协合计		中国科协机关及直属单位		省级科协	
		2016年	2017年	2016年	2017年	2016年	2017年
举办青少年科普宣讲活动	（次）	29735	10630	1395	21	2469	701
# 专家报告	（次）	12716	5434	422	13	1629	443
受众人数	（万人次）	4060.36	3604.42	2279.10	2169.15	266.22	174.75
举办青少年科技竞赛	（项）	10921	5200	3	4	270	179
参加人数	（万人次）	3663.40	5766.36	0.77	0.83	1596.23	1366.40
获奖人数	（万人次）	96.40	101.98	0.38	0.52	15.10	18.82
青少年参加国际及港澳台科技交流活动	（次）	248	189	23	13	59	52
参加人数	（人次）	8367	18792	241	106	4016	4091
举办青少年科学营	（次）	1767	951	72	5	139	81
参加人数	（人次）	259231	178627	11040	11962	37284	28652
编印青少年科技教育资料	（种）	1223	778	135	22	80	43
总印数	（万册）	550.14	668.95	168.51	13.26	49.63	168.39
举办青少年科技教育活动和培训	（次）	25145	7007	2588	17	4272	820
培训人数	（万人次）	681.73	644.09	6.95	67.07	107.14	151.17
中学生英才计划培养学生	（人）	25540	34189	596	683	693	783

10-1 续表

指标		副省级城市科协、省会城市科协		地级科协		县级科协	
		2016 年	2017 年	2016 年	2017 年	2016 年	2017 年
举办青少年科普宣讲活动	（次）	1326	763	6061	1826	18484	7319
# 专家报告	（次）	973	566	3215	1177	6477	3235
受众人数	（万人次）	57.93	49.29	354.72	308.44	1102.39	902.79
举办青少年科技竞赛	（项）	196	153	2525	1274	7927	3590
参加人数	（万人次）	184.77	182.04	737.72	3404.64	1143.90	812.45
获奖人数	（万人次）	11.71	18.78	30.97	27.32	38.25	36.54
青少年参加国际及港澳台科技交流活动	（次）	11	8	57	41	98	75
参加人数	（人次）	146	627	1443	2753	2521	11215
举办青少年科学营	（次）	50	83	482	294	1024	488
参加人数	（人次）	21525	4549	86660	21063	102722	112401
编印青少年科技教育资料	（种）	46	55	185	97	777	561
总印数	（万册）	10.71	31.13	39.88	88.23	281.41	367.94
举办青少年科技教育活动和培训	（次）	625	199	3991	1352	13669	4619
培训人数	（万人次）	11.14	19.64	106.28	89.21	450.22	316.46
中学生英才计划培养学生	（人）	72	711	21296	472	2883	31540

10−2　2017年全国学会、省级学会青少年科技教育汇总表

指　标		学会合计		全国学会		省级学会	
		2016年	2017年	2016年	2017年	2016年	2017年
举办青少年科普宣讲活动	（次）	9141	2778	2453	608	6688	2170
# 专家报告	（次）	5593	1813	1617	424	3976	1389
受众人数	（万人次）	632.59	344.60	171.37	75.76	461.22	268.84
举办青少年科技竞赛	（项）	985	634	149	117	836	517
参加人数	（万人次）	821.04	429.51	225.57	207.00	595.47	222.51
获奖人数	（万人次）	61.87	28.81	8.81	6.90	53.06	21.91
青少年参加国际及港澳台科技交流活动	（次）	126	78	28	15	98	63
参加人数	（人次）	8043	32932	893	2225	7150	30707
举办青少年科学营	（次）	411	213	72	39	339	174
参加人数	（人次）	41504	29217	6199	5788	35305	23429
编印青少年科技教育资料	（种）	372	202	71	36	301	166
总印数	（万册）	135.89	231.58	36.21	41.25	99.68	190.33
举办青少年科技教育活动和培训	（次）	2388	783	174	57	2214	726
培训人数	（万人次）	59.18	61.91	7.20	13.25	51.98	48.66
中学生英才计划培养学生	（人）	5310	715	0	109	5310	606

10-3　2017年各省级科协青少年科技教育

地　区	举办青少年科普宣讲活动			举办青少年科技竞赛			青少年参加国际及港澳台科技交流活动	
	次　数（次）	# 专家报告（次）	受众人数（人次）	项　数（项）	参加人数（人次）	获奖人数（人次）	次　数（次）	参加人数（人次）
合　计	**701**	**443**	**1747481**	**179**	**13664004**	**188214**	**52**	**4091**
北　京	24	21	8620	5	577134	3698	4	334
天　津	14	14	15410	10	25969	14695	1	11
河　北	13	1	33000	6	620560	2881	0	0
山　西	17	1	4000	3	2696	2168	1	4
内蒙古	31	31	30300	6	23294	960	0	0
辽　宁	50	50	14620	3	106375	1082	1	5
吉　林	6	5	53000	10	53455	10724	3	28
黑龙江	9	7	5120	9	5630	1061	1	1
上　海	8	2	14980	4	371200	6260	12	500
江　苏	94	43	35000	10	2293540	45050	4	2306
浙　江	0	0	0	0	0	0	0	0
安　徽	7	4	3500	10	20082	9988	1	80
福　建	7	6	37150	7	149316	2744	5	121
江　西	13	8	82230	8	271350	3037	0	0
山　东	3	3	19800	0	0	0	0	0
河　南	10	1	12000	6	1540256	41283	0	0
湖　北	4	4	40869	4	2660	2278	1	2
湖　南	4	1	4342	12	1554528	8688	7	331
广　东	144	97	120160	4	4400	2230	3	5
广　西	7	3	25000	5	4154	1931	0	0
海　南	1	0	6200	7	8187	2402	0	0
重　庆	71	62	607190	10	712860	3358	3	8
四　川	15	7	10617	3	350000	5900	0	0
贵　州	17	15	7600	3	20260	1400	0	0
云　南	4	4	62600	5	199785	4777	0	0
西　藏	0	0	0	3	24	22	0	0
陕　西	10	10	2295	4	3497	1333	0	0
甘　肃	1	1	12000	4	503200	531	2	55
青　海	30	1	403765	3	80392	793	0	0
宁　夏	37	33	30500	4	109200	660	0	0
新　疆	50	8	45613	11	4050000	6280	3	300
新疆生产建设兵团	0	0	0	0	0	0	0	0

10–3 续表

地 区	举办青少年科学营		编印青少年科技教育资料		举办青少年科技教育活动和培训		中学生英才计划培养学生（人）
	次数（次）	参加人数（人次）	种数（种）	总印数（册）	次数（次）	培训人数（人次）	
合 计	**81**	**28652**	**43**	**1683935**	**820**	**1517091**	**783**
北 京	1	2464	0	0	6	176	143
天 津	1	310	1	1000	141	175839	26
河 北	1	370	0	0	4	370	20
山 西	2	548	2	1500	5	65188	0
内蒙古	1	374	0	0	14	9874	22
辽 宁	4	560	0	0	12	10203	12
吉 林	2	296	1	2000	8	7425	59
黑龙江	3	5000	1	300	24	12630	30
上 海	0	0	2	4000	16	9768	65
江 苏	1	1100	1	15000	22	4861	32
浙 江	2	60	1	200	6	180	0
安 徽	1	154	1	400	5	1110	38
福 建	3	368	2	23000	342	454446	47
江 西	7	150	0	0	2	470	0
山 东	2	130	0	0	0	0	0
河 南	1	1000	2	5000	5	1000	100
湖 北	5	869	9	2520	6	967	36
湖 南	8	1200	3	1589090	22	8974	21
广 东	1	400	1	800	4	465	30
广 西	0	0	7	32390	9	47840	0
海 南	3	9500	0	0	9	18964	0
重 庆	4	644	1	50	14	100720	0
四 川	3	410	0	0	7	789	28
贵 州	1	210	0	0	5	42962	0
云 南	2	280	3	185	17	1838	0
西 藏	1	121	0	0	0	0	0
陕 西	5	1283	1	5000	3	1409	35
甘 肃	1	350	4	1500	7	1213	39
青 海	10	110	0	0	35	522773	0
宁 夏	1	140	0	0	2	1500	0
新 疆	4	251	0	0	68	13137	0
新疆生产建设兵团	0	0	0	0	0	0	0

10−4 2017年各副省级城市科协、省会城市科协青少年科技教育

城市	举办青少年科普宣讲活动			举办青少年科技竞赛			青少年参加国际及港澳台科技交流活动	
	次数（次）	# 专家报告（次）	受众人数（人次）	项数（项）	参加人数（人次）	获奖人数（人次）	次数（次）	参加人数（人次）
合　计	**763**	**566**	**492885**	**153**	**1820379**	**187803**	**8**	**627**
副省级城市小计	**216**	**153**	**154456**	**41**	**331525**	**24415**	**4**	**518**
宁　波*	5	1	47300	8	5823	2009	1	20
厦　门*	11	10	13546	5	10852	1066	1	318
深　圳*	115	82	32010	5	4740	230	2	180
青　岛*	45	20	54200	20	303010	14010	0	0
大　连*	40	40	7400	3	7100	7100	0	0
省会城市小计	**547**	**413**	**338429**	**112**	**1488854**	**163388**	**4**	**109**
石家庄	3	2	4200	1	2400	1400	0	0
太　原	1	1	2500	1	4000	2300	0	0
呼和浩特	0	0	0	1	3000	300	0	0
沈　阳*	14	12	4010	5	4960	3670	0	0
长　春*	4	1	3000	4	6720	1603	0	0
哈尔滨*	5	2	16320	6	2728	485	0	0
南　京*	56	56	40861	9	195500	3855	1	49
杭　州*	62	62	14880	6	122336	946	0	0
合　肥	11	11	2085	2	3060	1960	0	0
福　州	4	1	7000	4	3180	1480	2	35
南　昌	10	0	1960	5	3589	136	0	0
济　南*	36	35	48043	14	10043	7004	0	0
郑　州	2	1	440	2	140000	1232	0	0
武　汉*	130	128	34460	12	160000	1300	1	25
长　沙	0	0	0	3	5200	1258	0	0
广　州*	80	79	27070	9	8687	4574	0	0
南　宁	12	12	3000	1	30000	697	0	0
海　口	0	0	0	1	1100	350	0	0
成　都*	1	1	2000	4	364000	123000	0	0
贵　阳	3	0	1800	2	1650	350	0	0
昆　明	1	0	100000	1	13000	1794	0	0
拉　萨	2	1	1100	1	2000	111	0	0
西　安*	1	1	700	2	380000	1909	0	0
兰　州	1	1	4500	1	12000	500	0	0
西　宁	0	0	0	4	4740	194	0	0
银　川	6	6	3200	3	3500	642	0	0
乌鲁木齐	102	0	15300	8	1461	338	0	0

注：本表中城市（包括省会城市）名称后带“*”的为副省级城市。

10-4 续表

城　　市	举办青少年科学营		编印青少年科技教育资料		举办青少年科技教育活动和培训		中学生英才计划培养学生（人）
	次　数（次）	参加人数（人次）	种　数（种）	总印数（册）	次　数（次）	培训人数（人次）	
合　　计	**83**	**4549**	**55**	**311250**	**199**	**196355**	**711**
副省级城市小计	**14**	**1180**	**17**	**55000**	**44**	**32106**	**233**
宁　　波 *	0	0	1	1000	1	6000	216
厦　　门 *	4	40	2	1000	12	13626	17
深　　圳 *	3	60	13	52000	16	5850	0
青　　岛 *	2	1030	1	1000	12	5950	0
大　　连 *	5	50	0	0	3	680	0
省会城市小计	**69**	**3369**	**38**	**256250**	**155**	**164249**	**478**
石 家 庄	0	0	0	0	2	220	200
太　　原	1	30	1	3000	0	0	0
呼和浩特	1	30	0	0	2	300	0
沈　　阳 *	0	0	0	0	5	305	0
长　　春 *	1	50	4	6100	2	365	50
哈 尔 滨 *	2	70	2	6000	2	290	30
南　　京 *	5	79	2	2050	3	324	2
杭　　州 *	0	0	16	93000	6	56130	0
合　　肥	0	0	0	0	2	260	0
福　　州	0	0	1	550	0	0	0
南　　昌	3	30	0	0	7	74193	0
济　　南 *	3	30	1	550	3	298	0
郑　　州	0	0	0	0	9	1596	0
武　　汉 *	3	1250	1	2000	34	9320	0
长　　沙	2	100	0	0	1	260	0
广　　州 *	33	1271	3	11500	11	2016	96
南　　宁	1	44	1	1200	4	700	0
海　　口	0	0	0	0	0	0	0
成　　都 *	1	50	1	10000	4	1150	100
贵　　阳	3	33	0	0	1	150	0
昆　　明	0	0	1	300	0	0	0
拉　　萨	0	0	0	0	0	0	0
西　　安 *	3	66	1	90000	37	12223	0
兰　　州	2	168	0	0	1	100	0
西　　宁	0	0	0	0	0	0	0
银　　川	1	36	3	30000	7	3500	0
乌鲁木齐	4	32	0	0	12	549	0

10−5 2017年各地区地级科协青少年科技教育

地区	举办青少年科普宣讲活动			举办青少年科技竞赛			青少年参加国际及港澳台科技交流活动	
	次数（次）	# 专家报告（次）	受众人数（人次）	项数（项）	参加人数（人次）	获奖人数（人次）	次数（次）	参加人数（人次）
合计	**1826**	**1177**	**3084441**	**1274**	**34046352**	**273219**	**41**	**2753**
北京	159	118	83515	81	279861	13259	0	0
天津	130	51	36352	58	53523	9183	2	9
河北	12	9	35141	32	128374	7021	0	0
山西	33	31	89420	22	125965	8430	1	30
内蒙古	54	46	76644	21	62804	4638	1	2
辽宁	45	33	45865	25	133129	5357	1	700
吉林	7	3	6782	24	23744	15725	3	6
黑龙江	26	12	19950	19	12533	1421	0	0
上海	121	38	170209	218	236649	9888	12	584
江苏	122	68	218806	76	29867030	47845	1	2
浙江	120	100	261282	26	192314	12479	0	0
安徽	106	52	65047	35	99253	5747	2	151
福建	21	16	57700	26	24845	2640	1	4
江西	15	9	12550	14	58905	1360	0	0
山东	123	109	193803	43	52322	14131	0	0
河南	50	21	45060	33	569014	9063	0	0
湖北	42	37	133020	27	547093	19269	3	37
湖南	7	3	24100	28	115683	8137	1	26
广东	299	190	367322	194	93013	14835	3	331
广西	78	76	56378	28	129463	4521	2	60
海南	5	0	605	3	500	170	0	0
重庆	89	47	58705	82	242092	14096	5	51
四川	15	10	167545	25	366625	17129	2	20
贵州	16	14	21600	20	65060	6481	0	0
云南	25	21	77974	25	203974	5720	1	740
西藏	5	1	1800	0	0	0	0	0
陕西	25	16	194800	40	135339	5235	0	0
甘肃	32	17	66332	15	155738	3777	0	0
青海	3	3	6500	3	855	68	0	0
宁夏	3	3	10500	9	27556	2197	0	0
新疆	25	17	470700	8	28543	801	0	0
新疆生产建设兵团	13	6	8434	14	14553	2596	0	0

10−5　续表

地　区	举办青少年科学营		编印青少年科技教育资料		举办青少年科技教育活动和培训		中学生英才计划培养学生（人）
	次　数（次）	参加人数（人次）	种　数（种）	总印数（册）	次　数（次）	培训人数（人次）	
合　计	**294**	**21063**	**97**	**882290**	**1352**	**892085**	**472**
北　京	0	0	8	38440	96	56301	0
天　津	12	863	3	12000	33	12191	12
河　北	5	170	3	8600	23	5098	150
山　西	12	146	1	3000	5	12735	0
内蒙古	7	652	6	28000	26	11413	0
辽　宁	11	253	1	10000	19	5654	0
吉　林	5	82	0	0	19	14806	5
黑龙江	8	590	3	4300	14	8753	0
上　海	57	11367	4	534000	177	191197	240
江　苏	11	871	13	100700	36	73893	16
浙　江	8	274	2	16000	11	16293	0
安　徽	8	350	3	13300	31	8453	0
福　建	9	139	3	3300	14	1524	0
江　西	5	50	0	0	19	6912	0
山　东	24	817	4	12600	21	18367	0
河　南	22	709	1	4000	30	9255	29
湖　北	9	480	2	9300	194	283218	0
湖　南	16	561	1	5000	10	3063	0
广　东	12	540	19	19920	286	48070	0
广　西	7	243	5	4500	28	12983	0
海　南	1	8	0	0	2	100	0
重　庆	2	770	5	16300	134	25162	0
四　川	8	132	1	10000	22	18768	20
贵　州	4	72	2	4130	25	2755	0
云　南	6	333	0	0	21	14104	0
西　藏	2	39	1	3000	3	240	0
陕　西	7	166	0	0	17	21265	0
甘　肃	5	130	4	20300	7	1051	0
青　海	1	10	0	0	1	300	0
宁　夏	3	85	1	1000	1	2000	0
新　疆	2	20	0	0	2	2100	0
新疆生产建设兵团	5	141	1	600	25	4061	0

10–6 2017年各地区县级科协青少年科技教育

地 区	举办青少年科普宣讲活动			举办青少年科技竞赛			青少年参加国际及港澳台科技交流活动	
	次 数（次）	# 专家报告（次）	受众人数（人次）	项 数（项）	参加人数（人次）	获奖人数（人次）	次 数（次）	参加人数（人次）
合 计	**7319**	**3235**	**9027851**	**3590**	**8124504**	**365357**	**75**	**11215**
河 北	179	56	224425	87	186210	7011	0	0
山 西	172	74	181237	89	98845	6614	2	66
内蒙古	278	68	188485	109	102432	4943	2	189
辽 宁	191	93	184077	142	228104	5966	1	3
吉 林	42	14	74991	30	21057	2932	2	2
黑龙江	193	70	146904	81	26673	2095	0	0
江 苏	593	284	563723	305	863902	34582	11	6911
浙 江	1013	529	619515	253	803022	66720	7	753
安 徽	360	156	294533	159	115114	11355	5	36
福 建	391	97	230359	225	101023	6226	5	22
江 西	191	75	441677	42	13843	701	0	0
山 东	449	272	869129	275	398622	18459	6	45
河 南	277	128	700156	185	560849	18903	2	6
湖 北	370	217	363362	150	530607	21997	7	17
湖 南	164	90	615083	163	416882	15869	2	10
广 东	557	294	633674	168	453672	28494	10	522
广 西	199	106	193995	134	500915	9085	2	2001
海 南	48	30	35737	53	27549	1750	0	0
重 庆	12	5	26900	36	328323	4346	0	0
四 川	421	152	687933	208	1003509	35597	4	59
贵 州	186	57	321475	127	309806	10349	2	15
云 南	234	92	223660	111	273613	27689	1	535
西 藏	74	12	40003	10	3235	73	0	0
陕 西	254	101	340966	168	325314	10969	0	0
甘 肃	178	60	396589	107	238176	8059	2	19
青 海	23	15	13637	12	21560	339	1	0
宁 夏	48	26	147732	98	83229	808	0	0
新 疆	222	62	267894	63	88418	3426	1	4

注：本表数据不含北京、天津和上海地区。

10-6 续表

地区	举办青少年科学营		编印青少年科技教育资料		举办青少年科技教育活动和培训		中学生英才计划培养学生（人）
	次数（次）	参加人数（人次）	种数（种）	总印数（册）	次数（次）	培训人数（人次）	
合　计	**488**	**112401**	**561**	**3679366**	**4619**	**3164636**	**31540**
河　北	6	333	23	82550	109	79835	464
山　西	5	87	30	90100	82	78029	828
内蒙古	17	1691	24	271000	203	122060	0
辽　宁	12	566	17	61300	167	79794	0
吉　林	3	50	6	63500	105	15850	10
黑龙江	17	1758	9	40900	131	57682	800
江　苏	77	13734	28	154830	326	174678	585
浙　江	32	14915	24	110101	338	131586	1845
安　徽	36	5722	34	253940	187	105139	500
福　建	53	5317	15	51200	246	51351	0
江　西	6	432	12	65400	68	140168	220
山　东	23	20288	23	228100	340	343651	10201
河　南	28	2114	66	408300	217	217687	2220
湖　北	16	876	40	323130	290	366094	2302
湖　南	15	1643	29	336400	226	74471	6492
广　东	32	9069	39	240010	318	134310	0
广　西	5	5836	12	89000	145	104506	1002
海　南	7	651	16	79770	40	29885	0
重　庆	1	60	3	12700	76	23366	0
四　川	36	22620	48	353650	298	224261	343
贵　州	10	311	17	118000	92	108835	100
云　南	9	513	14	90800	145	49484	0
西　藏	1	50	5	31655	19	8738	2718
陕　西	15	563	8	43800	217	191787	910
甘　肃	5	191	15	73730	109	117947	0
青　海	4	5	2	1000	10	2386	0
宁　夏	8	1653	1	2500	35	22686	0
新　疆	9	1353	1	2000	80	108370	0

10–7　2017 年各地区省级学会青少年科技教育

地区	举办青少年科普宣讲活动			举办青少年科技竞赛			青少年参加国际及港澳台科技交流活动	
	次数（次）	# 专家报告（次）	受众人数（人次）	项数（项）	参加人数（人次）	获奖人数（人次）	次数（次）	参加人数（人次）
合计	**2170**	**1389**	**2688406**	**517**	**2225130**	**219069**	**63**	**30707**
北京	295	186	1051860	20	35324	5989	5	28
天津	68	28	19232	25	19252	4202	1	30
河北	26	14	16720	8	13698	1423	1	80
山西	23	19	17060	10	10649	2003	0	0
内蒙古	63	54	70645	10	25834	3012	0	0
辽宁	86	70	47297	20	108982	6999	2	60
吉林	74	61	125604	12	35460	7497	0	0
黑龙江	37	16	65838	18	66539	6564	0	0
上海	183	156	108310	38	104488	5443	5	190
江苏	135	113	66656	38	130967	32706	12	298
浙江	105	32	34054	26	181233	32997	8	1086
安徽	43	27	24172	18	13725	6496	0	0
福建	65	43	41835	23	52052	3894	4	81
江西	71	40	9947	23	127929	4855	2	15023
山东	56	46	92038	47	313579	17512	2	6132
河南	2	1	101610	3	4320	459	0	0
湖北	61	36	10908	5	16287	1652	0	0
湖南	50	28	42124	24	215967	4512	3	652
广东	256	144	130669	30	186619	20119	3	206
广西	50	23	18725	17	125986	22941	1	5
海南	7	7	3430	3	2270	406	1	15
重庆	50	29	125070	19	53945	7848	0	0
四川	37	28	25748	17	9581	3192	2	35
贵州	29	14	11634	16	12620	2803	1	22
云南	21	16	226116	9	199691	5260	2	6705
西藏	11	9	1366	0	0	0	0	0
陕西	95	54	90690	12	73614	5108	2	51
甘肃	6	2	821	2	0	0	2	0
青海	47	37	34278	7	63700	310	1	0
宁夏	13	8	3721	9	10841	1161	2	2
新疆	105	48	70228	8	9978	1706	1	6

10–7 续表

地区	举办青少年科学营		编印青少年科技教育资料		举办青少年科技教育活动和培训		中学生英才计划培养学生（人）
	次数（次）	参加人数（人次）	种数（种）	总印数（册）	次数（次）	培训人数（人次）	
合计	**174**	**23429**	**166**	**1903306**	**726**	**486623**	**606**
北京	0	0	15	22691	129	50601	0
天津	4	130	1	500	36	166585	8
河北	2	93	3	10500	2	600	80
山西	1	6	0	0	4	650	0
内蒙古	1	50	2	11000	12	1006	5
辽宁	6	724	7	9000	19	6692	24
吉林	1	200	5	21000	8	7471	4
黑龙江	2	177	2	46000	4	942	0
上海	14	1231	8	18250	45	66284	48
江苏	12	2524	27	205341	40	12000	41
浙江	29	4065	9	1146200	26	6071	88
安徽	10	958	3	61000	9	1061	0
福建	8	863	4	9058	38	5040	20
江西	3	250	2	6000	18	31810	0
山东	8	1797	5	9751	77	13487	12
河南	1	200	0	0	1	40	40
湖北	3	300	11	77500	1	103	0
湖南	9	977	8	28473	21	2453	16
广东	6	1326	6	66115	22	8892	79
广西	3	110	5	7950	18	2312	0
海南	0	0	0	0	1	500	5
重庆	3	391	6	76400	19	4139	0
四川	4	332	3	6700	20	4240	0
贵州	2	46	3	301	7	6866	0
云南	7	4080	7	13985	15	2788	0
西藏	2	360	0	0	2	206	0
陕西	14	1835	9	23431	38	60959	15
甘肃	2	0	2	0	2	0	0
青海	5	113	5	1360	11	7100	0
宁夏	4	56	3	15200	2	1570	100
新疆	8	235	5	9600	79	14155	21

十一、科普基础设施建设

简要说明

本篇统计资料为：

1. 汇总数据，反映中国科协、地方科协科普基础设施建设总体情况。

2. 地方科协统计数据，分别反映各省级科协、副省级城市科协、省会城市科协、地级科协、县级科协科普基础设施建设情况。

3. 科技馆数量、科普画廊建筑面积、科普大篷车数量、科普教育基地数量、示范基地数量、示范县、示范街道、示范社区等统计数据为时点数。

4. 参观人数、受众人数、参加活动人数、科技馆展厅面积、科普画廊展示面积、科普大篷车下乡次数、科普大篷车行驶里程等统计数据为本年度数据。

11-1 2017年各级科协科普基础设施建设汇总表

指标		科协合计		中国科协机关及直属单位		省级科协	
		2016年	2017年	2016年	2017年	2016年	2017年
科技馆	(个)	587	867	1	1	24	26
# 建筑面积8000平方米以上	(个)	98	129	1	1	22	23
# 实行免费开放的科技馆	(个)	325	776	0	0	16	25
建筑面积	(万平方米)	313.75	498.98	10.20	10.20	70.93	70.69
展厅面积	(万平方米)	154.67	194.03	6.21	6.21	32.20	31.96
全年参观人数	(万人次)	5786.73	6097.09	383.00	398.31	1599.82	1520.87
# 少儿参观人数	(万人次)	2883.34	3523.45	191.50	199.16	974.26	859.13
流动科技馆	(个)	581	1035	1	0	349	393
科普活动站(中心、室)	(个)	169510	55863	0	0	154	106
全年参加活动(培训)人数	(万人次)	5305.52	4038.78	0	0	29.32	144.44
科普画廊建筑面积(宣传栏、科技宣传橱窗)	(万平方米)	290.44	251.37	0	0	1.97	1.31
科普画廊展示面积	(万平方米)	522.41	450.29	0	0	2.93	1.53
科普大篷车数	(辆)	1151	1199	0	1	42	46
科普大篷车下乡次数	(次)	37500	34618	0	2	4880	2718
受益人数	(万人次)	2867.81	2890.43	0	0.01	380.14	369.15
科普大篷车行驶里程	(千米)	980.07	816.60	0	1	71.49	51.50
全国科普教育基地	(个)	1386	1193	0	1	268	192
全年参观人数	(万人次)	15741.18	26012.96	0	398.31	1599.73	3114.46
省级科普教育基地	(个)	4889	4366	0	0	962	986
全年参观人数	(万人次)	16595.94	33086.44	0	0	2490.94	3354.40
农村科普示范基地	(个)	39360	15821	0	0	1442	107
科普示范县(市、区)	(个)	1686	1241	435	0	712	487
科普示范街道(乡镇)	(个)	17617	7846	0	0	2175	701
科普示范社区(村)	(个)	77552	31551	0	0	3777	2395
科普中国e站	(个)	11770	37537	0	67	7290	12168
# 乡村e站	(个)	5967	13647	0	67	4205	4684
# 社区e站	(个)	4557	16590	0	0	2587	5064
# 校园e站	(个)	1246	7309	0	0	498	2420
基层科普行动计划奖补资金	(万元)	59436.52	83240.27	40000.00	0	11830.50	22561.00
# 中央财政	(万元)	40000.00	43069.16	40000.00	0	0	9686.00
# 省级财政	(万元)	11830.50	30326.24	0	0	11830.50	12875.00
# 市(地)级财政	(万元)	5044.91	7114.53	0	0	0	0
# 县级财政	(万元)	2561.11	2730.34	0	0	0	0
基层科普行动计划奖补的先进单位和个人	(个/人)	8918	12041	2411	0	1999	2534
# 农村专业技术协会	(个)	2829	2757	962	0	648	1050
# 农村科普示范基地	(个)	2231	2493	386	0	439	536
# 农村科普带头人	(个)	2460	4581	558	0	544	337
# 少数民族科普工作队	(个)	48	57	5	0	21	24

11-1 续表

指标		副省级城市科协、省会城市科协		地级科协		县级科协	
		2016年	2017年	2016年	2017年	2016年	2017年
科技馆	(个)	17	18	112	141	433	681
# 建筑面积8000平方米以上	(个)	10	10	36	43	29	52
# 实行免费开放的科技馆	(个)	12	16	64	132	233	603
建筑面积	(万平方米)	25.25	27.19	92.20	129.85	115.18	261.05
展厅面积	(万平方米)	11.84	12.34	46.02	54.90	58.39	88.63
全年参观人数	(万人次)	837.91	691.94	1285.25	1502.60	1680.75	1983.37
# 少儿参观人数	(万人次)	361.03	355.52	768.40	890.71	588.15	1218.94
流动科技馆	(个)	4	15	82	206	145	421
科普活动站（中心、室）	(个)	1426	520	18881	6430	149049	48807
全年参加活动（培训）人数	(万人次)	62.41	47.27	978.62	931.59	4235.17	2915.48
科普画廊建筑面积（宣传栏、科技宣传橱窗）	(万平方米)	3.06	2.71	34.14	24.73	251.28	222.62
科普画廊展示面积	(万平方米)	4.74	4.20	76.74	58.58	438.00	385.98
科普大篷车数	(辆)	23	22	244	237	842	893
科普大篷车下乡次数	(次)	839	586	6914	6289	24867	25023
受益人数	(万人次)	87.82	77.08	832.75	748.96	1567.09	1495.24
科普大篷车行驶里程	(千米)	164737	69224	1751763	1971945	7169398	5609980
全国科普教育基地	(个)	64	72	495	478	559	450
全年参观人数	(万人次)	723.56	4224.58	6623.14	9872.04	6794.74	8403.57
省级科普教育基地	(个)	182	176	1869	1601	1876	1603
全年参观人数	(万人次)	417.21	2322.37	8490.08	13799.71	5197.70	13609.95
农村科普示范基地	(个)	538	319	8870	3492	28510	11903
科普示范县（市、区）	(个)	66	33	473	260	0	461
科普示范街道（乡镇）	(个)	254	108	3241	1134	11947	5903
科普示范社区（村）	(个)	1589	1061	13904	6424	58282	21671
科普中国e站	(个)	362	2857	1531	7726	2587	14719
# 乡村e站	(个)	162	787	598	2512	1002	5597
# 社区e站	(个)	168	1424	633	3897	1169	6205
# 校园e站	(个)	32	646	300	1326	416	2917
基层科普行动计划奖补资金	(万元)	1681.20	3340.00	3363.71	42050.27	2561.11	15289.00
# 中央财政	(万元)	0	968.00	0	27689.15	0	4726.01
# 省级财政	(万元)	0	484.00	0	10861.07	0	6106.17
# 市（地）级财政	(万元)	1681.20	1886.00	3363.71	3476.05	0	1752.48
# 县级财政	(万元)	0	2.00	0	24.00	2561.11	2704.34
基层科普行动计划奖补的先进单位和个人	(个／人)	456	484	1696	5222	2356	3801
# 农村专业技术协会	(个)	117	115	504	643	598	949
# 农村科普示范基地	(个)	102	88	520	655	784	1214
# 农村科普带头人	(个)	140	72	438	3385	780	787
# 少数民族科普工作队	(个)	0	0	9	16	13	17

11-2 2017年各省级科协科普基础设施建设

地 区	科技馆						
	个 数（个）	# 建筑面积8000平方米以上（个）	# 实行免费开放的科技馆（个）	建筑面积（平方米）	展厅面积（平方米）	全年参观人数（人次）	# 少儿参观人数（人次）
合 计	**26**	**23**	**25**	**706923**	**319562**	**15208714**	**8591319**
北 京	0	0	0	0	0	0	0
天 津	1	1	1	18000	10000	473109	283865
河 北	1	1	1	28000	8400	468200	281000
山 西	1	1	1	30000	13809	1267365	887155
内 蒙 古	1	1	1	48300	28000	1000000	738000
辽 宁	1	1	1	102508	19852	1100000	110000
吉 林	1	1	1	32000	15000	600000	400000
黑 龙 江	1	1	1	25000	12000	1127000	489880
上 海	0	0	0	0	0	0	0
江 苏	0	0	0	0	0	0	0
浙 江	1	1	1	30000	10000	650000	300000
安 徽	1	1	1	12000	5000	160000	100000
福 建	1	1	1	8000	4000	310000	200000
江 西	0	0	0	0	0	0	0
山 东	1	1	1	21000	12000	600000	250000
河 南	1	1	0	21334	1000	30000	21000
湖 北	0	0	0	0	0	0	0
湖 南	1	1	1	28113	12603	481557	374820
广 东	1	1	1	7979	1000	266273	40000
广 西	1	1	1	38988	22500	1210000	847000
海 南	0	0	0	0	0	0	0
重 庆	1	1	1	48388	29900	2560000	1664000
四 川	1	0	1	41800	25000	125000	0
贵 州	1	1	1	15865	5983	532000	240736
云 南	1	1	1	9590	3550	321669	128667
西 藏	0	0	0	0	0	0	0
陕 西	1	1	1	9800	4736	124069	64460
甘 肃	3	1	3	40813	34011	124000	80000
青 海	1	1	1	33179	14000	665472	390824
宁 夏	1	1	1	29664	16101	550000	380000
新 疆	1	1	1	26602	11117	463000	319912
新疆生产建设兵团	0	0	0	0	0	0	0

11–2 续表 1

地 区	流动科技馆（个）	科普活动站（中心、室）（个）	全年参加活动（培训）人数（人次）	科普画廊建筑面积（宣传栏、科技宣传橱窗）（平方米）	科普画廊展示面积（平方米）	科普大篷车数（辆）	科普大篷车下乡次数（次）	受益人数（人次）	科普大篷车行驶里程（千米）
合 计	**393**	**106**	**1444436**	**13055**	**15323**	**46**	**2718**	**3691481**	**514892**
北 京	0	0	0	0	0	0	0	0	0
天 津	0	1	800000	12	12	0	0	0	0
河 北	17	0	0	0	0	1	10	11000	6000
山 西	12	2	3380	0	0	2	116	368741	35000
内蒙古	16	0	0	105	860	1	1	3000	100
辽 宁	3	0	0	0	0	2	43	100000	12000
吉 林	2	0	0	0	0	2	34	95000	21500
黑龙江	7	1	80000	744	1488	3	122	200000	42000
上 海	0	0	0	0	0	0	0	0	0
江 苏	33	0	0	0	0	0	0	0	0
浙 江	9	0	0	0	0	1	11	13200	4320
安 徽	10	0	0	0	0	0	0	0	0
福 建	19	1	4500	450	450	0	0	0	0
江 西	9	0	0	0	0	1	15	90000	10000
山 东	91	0	0	0	0	1	12	25000	5200
河 南	0	0	0	6	20	1	3	10000	1300
湖 北	11	0	0	30	30	1	0	0	0
湖 南	10	0	0	0	0	1	63	66270	31050
广 东	0	0	0	0	0	1	59	63000	9500
广 西	33	1	25000	0	0	1	20	29350	7516
海 南	2	2	1020	264	264	10	1712	857800	139600
重 庆	1	0	0	0	0	1	24	74720	8597
四 川	27	0	0	0	0	2	21	63100	5000
贵 州	9	0	0	0	0	1	20	45000	16000
云 南	18	1	20000	114	236	2	56	109500	51185
西 藏	9	88	96776	3089	3109	1	6	7000	2800
陕 西	5	1	360000	341	354	1	66	60000	25000
甘 肃	21	0	0	0	0	2	172	1260000	35000
青 海	1	1	31160	2400	3000	4	88	67800	20924
宁 夏	3	0	0	5500	5500	1	26	26000	8000
新 疆	15	7	22600	0	0	2	18	46000	17300
新疆生产建设兵团	0	0	0	0	0	0	0	0	0

11-2 续表 2

地　　区	全国科普教育基地（个）	全年参观人数（人次）	省级科普教育基地（个）	全年参观人数（人次）	农村科普示范基地（个）	科普示范县（市、区）（个）	科普示范街道（乡镇）（个）	科普示范社区（村）（个）
合　　计	**192**	**31144589**	**986**	**33544041**	**107**	**487**	**701**	**2395**
北　　京	0	0	0	0	24	3	0	111
天　　津	33	7478884	95	9236284	0	0	0	120
河　　北	1	468200	0	0	1	0	0	0
山　　西	10	1312365	108	216000	0	50	0	0
内 蒙 古	8	489000	33	648705	0	15	0	185
辽　　宁	0	0	0	0	0	16	0	0
吉　　林	0	0	38	970000	12	20	0	40
黑 龙 江	29	1704000	203	2239000	1	0	0	339
上　　海	0	0	1	112795	30	4	0	171
江　　苏	0	0	0	0	0	0	0	0
浙　　江	1	650000	0	0	0	59	368	895
安　　徽	18	1602000	82	1769000	0	50	0	89
福　　建	1	310000	1	310000	0	33	0	0
江　　西	1	600	1	600	0	32	0	0
山　　东	1	600000	1	600000	1	0	0	0
河　　南	0	0	0	0	0	114	333	348
湖　　北	20	1734300	43	5262100	0	0	0	0
湖　　南	0	0	100	1722190	0	0	0	0
广　　东	0	0	0	0	0	0	0	0
广　　西	24	9752000	144	6140000	0	34	0	0
海　　南	0	0	0	0	0	8	0	16
重　　庆	0	0	0	0	0	26	0	0
四　　川	6	947949	1	125000	0	0	0	0
贵　　州	6	596000	19	133400	0	0	0	0
云　　南	2	341669	2	341669	0	0	0	50
西　　藏	0	0	0	0	7	7	0	11
陕　　西	0	0	0	0	0	16	0	0
甘　　肃	0	0	29	1274090	10	0	0	20
青　　海	1	665472	1	665472	1	0	0	0
宁　　夏	15	1066600	0	0	0	0	0	0
新　　疆	15	1425550	84	1777736	20	0	0	0
新疆生产建设兵团	0	0	0	0	0	0	0	0

11−2 续表 3

地　　区	科普中国 e 站（个）	# 乡村 e 站（个）	# 社区 e 站（个）	# 校园 e 站（个）	基层科普行动计划奖补资金（元）	# 中央财政（元）	# 省级财政（元）	# 市（地）级财政（元）	# 县级财政（元）
合　　计	**12168**	**4684**	**5064**	**2420**	**225610000**	**96860000**	**128750000**	**0**	**0**
北　　京	42	12	30	0	20890000	0	20890000	0	0
天　　津	0	0	0	0	2300000	0	2300000	0	0
河　　北	4057	2042	840	1175	21250000	15250000	6000000	0	0
山　　西	1038	961	54	23	2000000	0	2000000	0	0
内 蒙 古	49	41	6	2	0	0	0	0	0
辽　　宁	0	0	0	0	0	0	0	0	0
吉　　林	0	0	0	0	600000	0	600000	0	0
黑 龙 江	179	8	155	16	0	0	0	0	0
上　　海	1006	63	884	59	3150000	2650000	500000	0	0
江　　苏	2184	29	1734	421	5400000	0	5400000	0	0
浙　　江	0	0	0	0	0	0	0	0	0
安　　徽	521	157	204	160	14700000	10250000	4450000	0	0
福　　建	2	0	2	0	0	0	0	0	0
江　　西	208	52	133	23	0	0	0	0	0
山　　东	0	0	0	0	0	0	0	0	0
河　　南	0	0	0	0	14000000	0	14000000	0	0
湖　　北	3	1	2	0	21000000	0	21000000	0	0
湖　　南	2	0	0	2	6500000	0	6500000	0	0
广　　东	0	0	0	0	0	0	0	0	0
广　　西	122	36	58	28	4600000	0	4600000	0	0
海　　南	0	0	0	0	6750000	4350000	2400000	0	0
重　　庆	222	42	150	30	3000000	0	3000000	0	0
四　　川	1300	300	650	350	34010000	14010000	20000000	0	0
贵　　州	687	577	37	73	0	0	0	0	0
云　　南	6	0	6	0	0	0	0	0	0
西　　藏	4	2	0	2	960000	0	960000	0	0
陕　　西	432	277	103	52	27900000	21500000	6400000	0	0
甘　　肃	100	84	16		15850000	13850000	2000000	0	0
青　　海	0	0	0	0	0	0	0	0	0
宁　　夏	4	0	0	4	0	0	0	0	0
新　　疆	0	0	0	0	20750000	15000000	5750000	0	0
新疆生产建设兵团	0	0	0	0	0	0	0	0	0

11-2 续表 4

地　　区	基层科普行动计划奖补的先进单位和个人（个／人）	# 农村专业技术协会（个）	# 农村科普示范基地（个）	# 农村科普带头人（人）	# 少数民族科普工作队（个）
合　　计	**2534**	**1050**	**536**	**337**	**24**
北　　京	314	22	24	10	0
天　　津	20	5	5	10	0
河　　北	199	70	126	2	1
山　　西	10	0	6	4	0
内 蒙 古	0	0	0	0	0
辽　　宁	0	0	0	0	0
吉　　林	78	24	12	40	2
黑 龙 江	0	0	0	0	0
上　　海	52	1	1	1	0
江　　苏	110	9	40	0	0
浙　　江	0	0	0	0	0
安　　徽	464	452	0	0	0
福　　建	0	0	0	0	0
江　　西	0	0	0	0	0
山　　东	0	0	0	0	0
河　　南	147	33	38	76	0
湖　　北	210	0	78	0	0
湖　　南	75	30	0	20	0
广　　东	0	0	0	0	0
广　　西	74	23	29	22	0
海　　南	35	11	9	8	7
重　　庆	35	10	0	0	0
四　　川	319	166	82	70	1
贵　　州	0	0	0	0	0
云　　南	0	0	0	0	0
西　　藏	21	1	15	5	0
陕　　西	184	105	41	38	0
甘　　肃	82	62	10	0	10
青　　海	0	0	0	0	0
宁　　夏	0	0	0	0	0
新　　疆	105	26	20	31	3
新疆生产建设兵团	0	0	0	0	0

11-3 2017年各副省级城市科协、省会城市科协科普基础设施建设

城市	科技馆						
	个数（个）	# 建筑面积8000平方米以上（个）	# 实行免费开放的科技馆（个）	建筑面积（平方米）	展厅面积（平方米）	全年参观人数（人次）	# 少儿参观人数（人次）
合计	**18**	**10**	**16**	**271882**	**123392**	**6919447**	**3555197**
副省级城市小计	**4**	**2**	**3**	**77485**	**22000**	**1678200**	**529800**
宁波＊	1	1	0	55000	15000	400000	300000
厦门＊	0	0	0	0	0	0	0
深圳＊	1	1	1	12024	3000	198200	129800
青岛＊	1	0	1	4421	3000	1000000	30000
大连＊	1	0	1	6040	1000	80000	70000
省会城市小计	**14**	**8**	**13**	**194397**	**101392**	**5241247**	**3025397**
石家庄	0	0	0	0	0	0	0
太原	0	0	0	0	0	0	0
呼和浩特	1	0	0	3470	400	2000	2000
沈阳＊	0	0	0	0	0	0	0
长春＊	0	0	0	0	0	0	0
哈尔滨＊	0	0	0	0	0	0	0
南京＊	1	1	1	30000	22000	589383	282836
杭州＊	1	1	1	33656	15518	993072	595843
合肥	1	1	1	12000	5800	728716	500000
福州	1	1	1	8000	6000	300000	41718
南昌	0	0	0	0	0	0	0
济南＊	1	0	1	1100	850	6000	5000
郑州	1	1	1	8426	4200	838000	503000
武汉＊	2	2	2	48214	25400	1434672	860300
长沙	0	0	0	0	0	0	0
广州＊	1	0	1	6390	1500	69404	48700
南宁	1	1	1	35241	14944	48000	26000
海口	1	0	1	1000	1000	32000	20000
成都＊	0	0	0	0	0	0	0
贵阳	0	0	0	0	0	0	0
昆明	0	0	0	0	0	0	0
拉萨	1	0	1	100	100	5000	3500
西安＊	0	0	0	0	0	0	0
兰州	0	0	0	0	0	0	0
西宁	0	0	0	0	0	0	0
银川	0	0	0	0	0	0	0
乌鲁木齐	1	0	1	6800	3680	195000	136500

注：本表中城市（包括省会城市）名称后带“＊”的为副省级城市。

11–3 续表 1

城　　市	流动科技馆（个）	科普活动站（中心、室）（个）	全年参加活动（培训）人数（人次）	科普画廊建筑面积（宣传栏、科技宣传橱窗）（平方米）	科普画廊展示面积（平方米）	科普大篷车数（辆）	科普大篷车下乡次数（次）	受益人数（人次）	科普大篷车行驶里程（千米）
合　计	**15**	**520**	**472696**	**27050**	**41969**	**22**	**586**	**770750**	**69224**
副省级城市小计	**1**	**204**	**341601**	**6700**	**6700**	**1**	**20**	**1800**	**108**
宁　波*	0	0	0	0	0	1	20	1800	108
厦　门*	0	1	107609	4900	4900	0	0	0	0
深　圳*	1	3	33992	600	600	0	0	0	0
青　岛*	0	200	200000	1200	1200	0	0	0	0
大　连*	0	0	0	0	0	0	0	0	0
省会城市小计	**14**	**316**	**131095**	**20350**	**35269**	**21**	**566**	**768950**	**69116**
石家庄	0	1	600	20	80	0	0	0	0
太　原	0	0	0	2390	7170	0	0	0	0
呼和浩特	0	0	0	0	0	1	15	30000	800
沈　阳*	0	13	6900	11600	11600	1	15	10000	4000
长　春*	0	0	0	0	0	0	0	0	0
哈尔滨*	0	0	0	0	0	1	24	100000	9600
南　京*	0	1	35	2	100	1	29	70000	2100
杭　州*	0	0	0	0	0	0	0	0	0
合　肥	0	0	0	180	180	1	20	7600	1200
福　州	0	0	0	115	338	1	30	24350	2200
南　昌	0	0	0	668	1336	0	0	0	0
济　南*	4	66	7260	240	480	1	1	60000	30
郑　州	0	1	13000	400	400	1	20	25000	4000
武　汉*	0	0	0	3000	9000	1	35	60000	4204
长　沙	0	0	0	0	0	1	15	3000	6500
广　州*	0	0	0	200	800	2	59	124000	5883
南　宁	0	106	92700	0	0	1	42	34000	5000
海　口	0	2	600	0	0	1	0	0	0
成　都*	0	0	0	0	0	0	0	0	0
贵　阳	3	0	0	100	100	0	0	0	0
昆　明	0	0	0	8	8	0	0	0	0
拉　萨	1	0	0	0	0	2	20	10400	2300
西　安*	4	0	0	750	3000	1	16	40000	3500
兰　州	1	0	0	160	160	1	100	70000	10000
西　宁	1	0	0	7	7	1	48	42000	4600
银　川	0	0	0	180	180	1	24	50000	2000
乌鲁木齐	0	126	10000	330	330	1	53	8600	1199

11-3 续表 2

城市	全国科普教育基地（个）	全年参观人数（人次）	省级科普教育基地（个）	全年参观人数（人次）	农村科普示范基地（个）	科普示范县（市、区）（个）	科普示范街道（乡镇）（个）	科普示范社区（村）（个）
合计	**72**	**42245757**	**176**	**23223733**	**319**	**33**	**108**	**1061**
副省级城市小计	**25**	**13459696**	**71**	**1524012**	**0**	**5**	**0**	**94**
宁波＊	0	0	0	0	0	0	0	0
厦门＊	10	9924696	18	984012	0	0	0	0
深圳＊	7	105000	27	429000	0	3	0	0
青岛＊	8	3430000	26	111000	0	2	0	94
大连＊	0	0	0	0	0	0	0	0
省会城市小计	**47**	**28786061**	**105**	**21699721**	**319**	**28**	**108**	**967**
石家庄	6	2430000	0	0	0	0	0	0
太原	1	20000	12	578160	6	0	10	33
呼和浩特	0	0	0	0	0	0	0	0
沈阳＊	0	0	0	0	10	0	0	15
长春＊	0	0	0	0	0	0	0	0
哈尔滨＊	0	0	0	0	0	0	0	0
南京＊	1	589383	11	699383	0	2	0	0
杭州＊	8	11531678	19	14435678	14	7	0	0
合肥	0	0	0	0	23	0	0	48
福州	0	0	0	0	14	3	0	17
南昌	1	120000	5	368000	8	4	0	8
济南＊	6	13035000	23	5228000	8	2	8	11
郑州	1	838000	0	0	0	1	0	0
武汉＊	5	120000	12	100000	17	0	0	96
长沙	0	0	0	0	0	0	0	0
广州＊	0	0	0	0	0	2	46	30
南宁	0	0	0	0	77	1	39	58
海口	0	0	0	0	0	0	0	0
成都＊	0	0	0	0	0	0	0	0
贵阳	0	0	0	0	0	0	0	4
昆明	0	0	0	0	0	0	0	0
拉萨	0	0	0	0	0	0	0	0
西安＊	0	0	0	0	25	0	0	139
兰州	6	42000	19	263000	21	0	0	38
西宁	0	0	0	0	2	0	0	0
银川	0	0	0	0	20	6	5	16
乌鲁木齐	12	60000	4	27500	74	0	0	454

11-3 续表 3

城市	科普中国e站(个)	#乡村e站(个)	#社区e站(个)	#校园e站(个)	基层科普行动计划奖补资金(元)	#中央财政(元)	#省级财政(元)	#市(地)级财政(元)	#县级财政(元)
合计	**2857**	**787**	**1424**	**646**	**33400000**	**9680000**	**4840000**	**18860000**	**20000**
副省级城市小计	**184**	**16**	**138**	**30**	**4560000**	**4200000**	**0**	**360000**	**0**
宁波*	72	8	58	6	0	0	0	0	0
厦门*	112	8	80	24	2000000	2000000	0	0	0
深圳*	0	0	0	0	0	0	0	0	0
青岛*	0	0	0	0	2560000	2200000	0	360000	0
大连*	0	0	0	0	0	0	0	0	0
省会城市小计	**2673**	**771**	**1286**	**616**	**28840000**	**5480000**	**4840000**	**18500000**	**20000**
石家庄	521	237	159	125	0	0	0	0	0
太原	69	4	34	31	0	0	0	0	0
呼和浩特	0	0	0	0	0	0	0	0	0
沈阳*	191	51	102	38	1490000	1200000	0	290000	0
长春*	0	0	0	0	0	0	0	0	0
哈尔滨*	0	0	0	0	0	0	0	0	0
南京*	6	2	2	2	1040000	0	1020000	0	20000
杭州*	0	0	0	0	0	0	0	0	0
合肥	48	4	33	11	2100000	950000	200000	950000	0
福州	129	40	61	28	930000	0	0	930000	0
南昌	58	20	22	16	1520000	730000	0	790000	0
济南*	80	20	30	30	360000	0	0	360000	0
郑州	242	90	118	34	1300000	0	0	1300000	0
武汉*	20	0	12	8	7000000	0	0	7000000	0
长沙	0	0	0	0	0	0	0	0	0
广州*	19	6	5	8	2890000	0	0	2890000	0
南宁	91	60	18	13	600000	0	0	600000	0
海口	0	0	0	0	0	0	0	0	0
成都*	0	0	0	0	0	0	0	0	0
贵阳	55	41	9	5	1300000	0	1300000	0	0
昆明	0	0	0	0	0	0	0	0	0
拉萨	2	2	0	0	0	0	0	0	0
西安*	34	6	26	2	1000000	0	0	1000000	0
兰州	24	6	18	0	2030000	0	950000	1080000	0
西宁	0	0	0	0	400000	0	400000	0	0
银川	272	102	106	64	1800000	850000	270000	680000	0
乌鲁木齐	812	80	531	201	3080000	1750000	700000	630000	0

11-3 续表 4

城　　市	基层科普行动计划奖补的先进单位和个人（个／人）	# 农村专业技术协会（个）	# 农村科普示范基地（个）	# 农村科普带头人（人）	# 少数民族科普工作队（个）
合　计	**484**	**115**	**88**	**72**	**0**
副省级城市小计	**134**	**4**	**0**	**0**	**0**
宁　波*	0	0	0	0	0
厦　门*	100	0	0	0	0
深　圳*	0	0	0	0	0
青　岛*	34	4	0	0	0
大　连*	0	0	0	0	0
省会城市小计	**350**	**111**	**88**	**72**	**0**
石家庄	0	0	0	0	0
太　原	0	0	0	0	0
呼和浩特	0	0	0	0	0
沈　阳*	28	11	0	2	0
长　春*	0	0	0	0	0
哈尔滨*	0	0	0	0	0
南　京*	11	1	1	0	0
杭　州*	0	0	0	0	0
合　肥	15	14	1	0	0
福　州	37	3	14	9	0
南　昌	9	1	8	0	0
济　南*	20	11	5	4	0
郑　州	42	15	15	9	0
武　汉*	3	0	3	0	0
长　沙	0	0	0	0	0
广　州*	29	0	0	0	0
南　宁	29	9	8	12	0
海　口	0	0	0	0	0
成　都*	0	0	0	0	0
贵　阳	8	3	2	2	0
昆　明	0	0	0	0	0
拉　萨	0	0	0	0	0
西　安*	14	6	6	2	0
兰　州	17	10	2	2	0
西　宁	4	4	0	0	0
银　川	20	5	6	2	0
乌鲁木齐	64	18	17	28	0

11-4 2017年各地区地级科协科普基础设施建设

地区	科技馆						
	个数（个）	# 建筑面积8000平方米以上（个）	# 实行免费开放的科技馆（个）	建筑面积（平方米）	展厅面积（平方米）	全年参观人数（人次）	# 少儿参观人数（人次）
合计	**141**	**43**	**132**	**1298522**	**549012**	**15025975**	**8907086**
北京	5	0	5	15552	6754	27050	16850
天津	1	0	1	2000	1200	20000	7500
河北	3	0	2	7080	3300	119500	57500
山西	2	1	2	13000	8080	3001	2801
内蒙古	4	2	4	30390	17350	200232	101682
辽宁	10	2	10	53833	27675	456280	259190
吉林	3	0	2	7300	3416	34760	22860
黑龙江	4	1	4	17900	11300	691000	393000
上海	6	0	4	21223	10800	330434	167057
江苏	9	5	9	251900	62660	2411783	1492900
浙江	6	3	5	78074	41022	1278878	776291
安徽	8	3	8	107858	43433	1173112	669500
福建	7	1	7	44692	24137	542328	367680
江西	4	0	4	11008	6868	305800	217300
山东	9	7	8	132888	73534	1382630	850540
河南	5	3	4	38377	23980	1102475	798700
湖北	10	3	8	53676	24068	790611	404130
湖南	4	1	4	130675	14531	540000	244050
广东	9	3	9	59343	29534	850770	599750
广西	2	1	2	18789	8642	308000	185000
海南	0	0	0	0	0	0	0
重庆	2	0	2	6151	4800	350000	258000
四川	9	0	9	16639	11834	340224	181782
贵州	2	1	2	24970	12849	52800	30000
云南	3	2	3	31934	18000	411500	70500
西藏	1	0	1	3000	2600	30000	23000
陕西	3	2	3	41800	21586	539000	202000
甘肃	2	0	2	7188	4011	70207	41323
青海	0	0	0	0	0	0	0
宁夏	3	0	3	6122	4392	346100	256000
新疆	5	2	5	65160	26656	317500	210200
新疆生产建设兵团	0	0	0	0	0	0	0

11-4 续表 1

地区	流动科技馆（个）	科普活动站（中心、室）（个）	全年参加活动（培训）人数（人次）	科普画廊建筑面积（宣传栏、科技宣传橱窗）（平方米）	科普画廊展示面积（平方米）	科普大篷车数（辆）	科普大篷车下乡次数（次）	受益人数（人次）	科普大篷车行驶里程（千米）
合计	**206**	**6430**	**9315914**	**247349**	**585791**	**237**	**6289**	**7489616**	**1971945**
北京	0	1137	1999584	16730	56584	7	129	44100	19400
天津	1	388	248850	16065	28463	11	260	81840	18990
河北	8	13	6300	4380	4380	4	136	448000	29000
山西	12	13	162800	3746	4286	3	55	47500	10000
内蒙古	6	90	421355	3017	7073	13	226	185500	78510
辽宁	3	306	84385	5476	7244	9	121	147256	43800
吉林	1	6	290	1212	1638	6	117	101500	22750
黑龙江	0	13	40000	4207	5345	7	66	204600	61141
上海	2	795	926569	36340	85711	2	33	28987	4300
江苏	16	429	2828340	32414	32731	6	231	122150	44100
浙江	2	30	543813	4052	4292	6	195	130120	25060
安徽	8	6	7880	934	3174	9	309	199730	30550
福建	4	5	6420	1349	4555	4	63	114279	13691
江西	2	19	27780	4251	4863	6	136	61800	21300
山东	23	118	151530	24880	29310	12	132	230300	199200
河南	19	260	113642	5038	16347	15	412	374020	75845
湖北	15	4	56115	2288	3835	9	216	136528	46147
湖南	8	18	458680	2066	13156	8	366	290580	68500
广东	1	277	101081	26281	131653	9	392	349000	49380
广西	8	12	8345	1206	1248	12	251	335787	141958
海南	0	1	6386	1032	1032	1	21	10000	1750
重庆	0	2417	651880	34267	113994	12	299	987960	96910
四川	7	5	4160	1193	2028	13	340	351400	98130
贵州	2	4	18280	996	3996	7	154	146600	34600
云南	6	17	168168	632	786	9	157	406247	40928
西藏	3	3	45850	425	1027	4	40	36450	92300
陕西	5	13	8710	2577	4922	6	134	152700	26000
甘肃	10	15	82000	2444	2971	9	568	864226	60818
青海	0	1	1000	334	334	2	22	20002	8500
宁夏	4	2	110620	385	385	3	107	314058	342450
新疆	28	6	14430	1000	1000	8	520	552692	84857
新疆生产建设兵团	2	7	10671	6132	7428	5	81	13704	81080

11-4 续表 2

地　　区	全国科普教育基地（个）	全年参观人数（人次）	省级科普教育基地（个）	全年参观人数（人次）	农村科普示范基地（个）	科普示范县（市、区）（个）	科普示范街道（乡镇）（个）	科普示范社区（村）（个）
合　　计	**478**	**98720411**	**1601**	**137997125**	**3492**	**260**	**1134**	**6424**
北　　京	90	3908660	329	7522497	251	0	7	218
天　　津	21	13852850	38	5852990	82	5	72	314
河　　北	1	10000	4	55000	68	6	0	3
山　　西	14	229000	41	725400	278	11	4	61
内 蒙 古	9	494300	15	510055	332	6	31	70
辽　　宁	9	268450	28	470477	84	7	37	133
吉　　林	9	12100	34	71520	7	3	2	9
黑 龙 江	14	3188500	39	1233510	19	8	2	59
上　　海	91	53871516	257	43712049	27	0	52	799
江　　苏	24	563418	85	1572434	160	30	94	442
浙　　江	17	862480	21	1214866	73	2	103	983
安　　徽	14	2724600	42	8385011	103	24	15	226
福　　建	14	399552	29	372560	102	17	0	8
江　　西	8	167000	46	1172300	18	11	0	36
山　　东	33	943200	122	1437750	85	10	69	209
河　　南	10	1308200	72	3982980	721	21	223	873
湖　　北	5	61000	13	524000	42	1	5	31
湖　　南	6	619000	13	2691426	46	6	36	58
广　　东	27	3331351	108	16430495	193	9	17	277
广　　西	8	1719110	70	5779655	41	17	11	59
海　　南	0	0	2	2000	1	0	0	1
重　　庆	15	7255810	97	30571150	349	0	198	943
四　　川	9	2282000	4	467928	91	19	101	296
贵　　州	3	8800	17	1624100	35	9	9	86
云　　南	4	194000	12	714660	29	11	1	77
西　　藏	1	1700	2	4795	1	2	0	0
陕　　西	3	50500	14	29700	166	10	20	92
甘　　肃	4	94662	13	340007	65	8	15	7
青　　海	1	20000	0	0	4	2	1	13
宁　　夏	1	4100	6	221590	11	2	8	15
新　　疆	8	170052	20	154220	5	3	1	20
新疆生产建设兵团	5	104500	8	150000	3	0	0	6

11-4 续表 3

地　　区	科普中国e站（个）	# 乡村e站（个）	# 社区e站（个）	# 校园e站（个）	基层科普行动计划奖补资金（元）	# 中央财政（元）	# 省级财政（元）	# 市（地）级财政（元）	# 县级财政（元）
合　　计	**7726**	**2512**	**3897**	**1326**	**420502730**	**276891545**	**108610654**	**34760521**	**240010**
北　　京	0	0	0	0	1550000	0	0	1550000	0
天　　津	530	117	224	189	4050168	0	430023	3440145	180000
河　　北	344	108	126	110	20700350	18000120	1200230	1500000	0
山　　西	886	789	44	53	1880000	0	1480000	400000	0
内 蒙 古	41	26	14	1	2700000	2700000	0	0	0
辽　　宁	171	48	84	39	5150000	5150000	0	0	0
吉　　林	17	6	9	2	160088	10088	90000	50000	10000
黑 龙 江	11	3	8		2722900	2000000	650000	72900	0
上　　海	400	59	292	49	8407400	1000000	340000	7017400	50000
江　　苏	1422	21	1256	145	3000000	0	1820000	1180000	0
浙　　江	564	55	488	21	1070000	0	0	1070000	0
安　　徽	242	64	103	75	693038	7	70000	623031	0
福　　建	495	176	219	100	3304021	2250000	190000	864011	10
江　　西	66	17	37	12	750000	400000	350000	0	0
山　　东	1105	400	476	229	18970330	12600280	3500040	2870010	0
河　　南	231	153	45	33	2295000	0	0	2295000	0
湖　　北	122	19	75	28	8678000	2660000	3690000	2328000	0
湖　　南	104	20	76	8	13855155	7200090	5150065	1505000	0
广　　东	73	20	28	25	9140060	3550000	2950060	2640000	0
广　　西	121	29	42	50	210000	0	0	210000	0
海　　南	20	4	4	12	1010000	830000	180000	0	0
重　　庆	0	0	0	0	1623000	0	0	1623000	0
四　　川	161	35	80	46	10060170	5320105	4000065	740000	0
贵　　州	212	173	26	13	0	0	0	0	0
云　　南	84	14	49	21	1290000	0	0	1290000	0
西　　藏	2	1	0	1	1230000	1060000	170000	0	0
陕　　西	45	19	24	2	290057264	207660180	81280084	1117000	0
甘　　肃	73	45	15	13	4250120	4100075	150045	0	0
青　　海	1	1	0	0	750000	0	750000	0	0
宁　　夏	65	57	5	3	410	410	0	0	0
新　　疆	114	24	46	44	945256	400190	170042	375024	0
新疆生产建设兵团	4	9	2	2	0	0	0	0	0

11-4 续表 4

地　区	基层科普行动计划奖补的先进单位和个人（个／人）	# 农村专业技术协会（个）	# 农村科普示范基地（个）	# 农村科普带头人（人）	# 少数民族科普工作队（个）
合　计	**5222**	**643**	**655**	**3385**	**16**
北　京	16	2	7	6	0
天　津	84	10	17	12	5
河　北	87	28	56	0	0
山　西	3040	11	22	3007	0
内蒙古	4	0	0	0	0
辽　宁	94	32	31	10	0
吉　林	13	1	6	5	1
黑龙江	33	20	6	7	0
上　海	15	1	2	0	0
江　苏	118	9	20	35	0
浙　江	33	4	19	7	0
安　徽	112	23	30	30	0
福　建	81	27	22	18	0
江　西	38	13	18	6	0
山　东	258	102	34	15	0
河　南	83	19	34	27	0
湖　北	151	28	52	3	0
湖　南	131	32	44	25	0
广　东	97	13	35	30	0
广　西	27	6	12	9	0
海　南	5	2	1	2	0
重　庆	108	23	41	24	0
四　川	150	93	18	39	0
贵　州	0	0	0	0	0
云　南	23	1	20	2	0
西　藏	4	0	3	1	0
陕　西	232	81	63	24	0
甘　肃	39	25	7	0	5
青　海	7	5	2	0	0
宁　夏	21	12	4	4	1
新　疆	118	20	29	37	4
新疆生产建设兵团	0	0	0	0	0

11–5 2017年各地区县级科协科普基础设施建设

地区	科技馆						
	个数（个）	# 建筑面积8000平方米以上（个）	# 实行免费开放的科技馆（个）	建筑面积（平方米）	展厅面积（平方米）	全年参观人数（人次）	# 少儿参观人数（人次）
合计	**681**	**52**	**603**	**2610506**	**886288**	**19833683**	**12189379**
河北	29	3	24	657700	40482	471677	317188
山西	11	1	9	16540	10912	112050	63030
内蒙古	43	2	35	53578	31565	455712	269003
辽宁	7	0	7	10340	6936	77400	61500
吉林	27	1	22	29964	17815	134915	77905
黑龙江	12	1	11	31240	10770	236600	108100
江苏	53	6	43	513464	174944	7017901	4196581
浙江	61	3	58	106171	45768	811300	564325
安徽	36	1	35	44195	24120	275364	176585
福建	22	3	19	71444	42910	682845	516770
江西	13	1	13	28065	9325	263931	160571
山东	97	12	93	267290	145965	2606972	1601936
河南	21	1	20	43115	26610	748600	514380
湖北	61	1	53	129405	51203	1058705	733384
湖南	16	1	12	45066	20363	777577	484134
广东	13	1	13	44656	19991	473740	336966
广西	3	0	3	3560	1540	76630	62888
海南	1	0	1	1053	1053	5577	1520
重庆	1	0	1	1800	1400	26300	0
四川	32	2	29	69048	46003	1031872	564472
贵州	3	0	3	3440	2010	39000	31400
云南	29	1	14	49998	10466	176335	111016
西藏	37	2	37	6436	5181	74590	49949
陕西	16	2	15	39086	29570	184010	134436
甘肃	14	2	13	91726	65186	798100	469500
青海	4	0	3	4622	3629	26100	13640
宁夏	1	0	1	1800	1600	90000	83000
新疆	18	5	16	245704	38971	1099880	485200

注：本表数据不含北京、天津和上海地区。

11−5 续表 1

地 区	流动科技馆（个）	科普活动站（中心、室）（个）	全年参加活动（培训）人数（人次）	科普画廊建筑面积（宣传栏、科技宣传橱窗）（平方米）	科普画廊展示面积（平方米）	科普大篷车数（辆）	科普大篷车下乡次数（次）	受益人数（人次）	科普大篷车行驶里程（千米）
合 计	**421**	**48807**	**29154755**	**2226241**	**3859787**	**893**	**25023**	**14952358**	**5609980**
河 北	23	530	523816	45825	65052	22	874	184710	113980
山 西	12	195	294936	54439	65554	20	839	258690	152483
内蒙古	25	730	580456	24842	27708	82	1853	713771	428452
辽 宁	11	2890	1120523	50354	92355	11	158	182100	31900
吉 林	9	997	198325	18163	24989	25	847	137686	209336
黑龙江	4	991	417391	75429	99554	16	795	379000	131063
江 苏	29	3279	2947960	162034	223127	19	697	236260	138022
浙 江	16	4310	3198893	289730	495685	15	376	191860	117428
安 徽	27	1474	1480511	57565	139244	22	461	403270	147988
福 建	12	2630	1064256	85181	229148	17	257	103290	36063
江 西	11	692	444946	35837	43142	18	496	238863	128780
山 东	43	11967	5342119	596382	885742	44	1270	869726	393648
河 南	30	2362	1529718	132942	215574	46	1931	2346440	225906
湖 北	19	2130	1892393	110559	164055	26	542	400650	142454
湖 南	18	834	681080	50922	71052	25	1120	572677	236132
广 东	7	1251	623203	45861	130704	10	178	283460	140559
广 西	12	987	691039	38339	67362	19	434	279810	96259
海 南	2	201	94243	5640	9059	12	637	220805	39278
重 庆	0	795	70056	14330	52530	5	146	204420	59400
四 川	23	2913	1851712	77133	360720	42	994	720911	139190
贵 州	15	1202	640451	48713	67650	65	1277	1309676	242968
云 南	12	3238	1357556	103001	165362	67	1130	1155374	243709
西 藏	2	281	147528	2532	3095	72	972	242668	624325
陕 西	11	743	525029	34179	58316	54	1422	746933	249638
甘 肃	25	278	411216	20505	29900	48	1891	1238359	401416
青 海	4	33	158142	1057	1376	14	216	97208	43065
宁 夏	4	94	124503	15593	16982	13	300	273330	166596
新 疆	15	780	742754	29154	54750	64	2910	960411	529942

11-5 续表 2

地　　区	全国科普教育基地（个）	全年参观人数（人次）	省级科普教育基地（个）	全年参观人数（人次）	农村科普示范基地（个）	科普示范县（市、区）（个）	科普示范街道（乡镇）（个）	科普示范社区（村）（个）
合　　计	**450**	**84035678**	**1603**	**136099465**	**11903**	**461**	**5903**	**21671**
河　　北	13	299200	38	171200	472	36	167	451
山　　西	2	20500	32	240511	297	23	129	368
内 蒙 古	18	2035485	32	512183	339	0	157	452
辽　　宁	8	40600	17	95010	426	19	212	646
吉　　林	8	105100	23	147747	103	7	58	273
黑 龙 江	6	96580	59	941410	203	10	95	272
江　　苏	71	5063151	328	9585971	340	27	291	1517
浙　　江	35	5954680	68	57487252	1000	7	465	3257
安　　徽	15	3230650	58	4080222	427	26	176	566
福　　建	30	1295112	81	2195642	444	26	139	572
江　　西	7	1923000	61	1879444	251	19	113	364
山　　东	69	15339710	199	12105978	1112	26	345	1203
河　　南	26	7296650	131	5419941	1221	0	899	2284
湖　　北	5	208580	36	939530	395	27	181	897
湖　　南	16	1684350	47	1371561	602	25	196	434
广　　东	37	12607600	103	14625146	443	16	117	695
广　　西	6	301848	22	296335	403	20	152	537
海　　南	2	150000	10	197700	86	3	9	19
重　　庆	1	4000	12	78850	185	0	66	247
四　　川	29	15853752	39	8814162	1115	45	938	3388
贵　　州	5	620000	50	2209035	519	19	226	657
云　　南	17	8667981	45	10464917	528	17	146	689
西　　藏	0	0	1	368	37	10	29	37
陕　　西	9	956700	31	1306450	480	18	252	707
甘　　肃	5	244500	36	540360	249	15	202	621
青　　海	1	0	4	35000	22	7	9	209
宁　　夏	1	12000	11	142530	56	1	39	85
新　　疆	8	23949	29	215010	148	12	95	224

11－5　续表 3

地　　区	科普中国e站（个）	# 乡村e站（个）	# 社区e站（个）	# 校园e站（个）	基层科普行动计划奖补资金（元）	# 中央财政（元）	# 省级财政（元）	# 市（地）级财政（元）	# 县级财政（元）
合　　计	**14719**	**5597**	**6205**	**2917**	**152889952**	**47260052**	**61061724**	**17524759**	**27043417**
河　　北	2178	1202	392	584	6450468	2800340	3325123	10005	315000
山　　西	530	419	58	53	4844068	1496023	2610004	553041	185000
内 蒙 古	287	183	64	40	900314	210	750000	60	150044
辽　　宁	467	170	198	99	5650073	2365055	1320000	1715018	250000
吉　　林	96	46	40	10	1500065	290060	1190005	0	20000
黑 龙 江	48	9	33	6	151000	50000	60000	41000	0
江　　苏	2236	455	1524	257	6862055	1000000	3656052	257002	1949001
浙　　江	961	430	455	76	3754500	220000	49000	200000	3285500
安　　徽	471	114	213	144	4458196	1150042	1655056	369031	1284067
福　　建	1092	394	467	231	2863414	1000000	450020	1095371	318023
江　　西	189	70	67	52	1903322	540035	553257	700030	110000
山　　东	795	262	385	148	18647194	6650130	7250040	3005019	1742005
河　　南	1205	516	466	223	1275000	0	0	0	1275000
湖　　北	259	56	172	31	13455716	1200186	6300479	120029	5835022
湖　　南	145	20	118	7	19867000	4200000	8150000	2213000	5304000
广　　东	56	20	25	11	3716239	550110	2275035	730019	161075
广　　西	438	180	66	192	86500	0	0	0	86500
海　　南	26	6	6	14	2819515	530005	1730010	359500	200000
重　　庆	0	0	0	0	340000	0	0	0	340000
四　　川	672	220	349	103	25444595	9283487	11729994	3467092	964022
贵　　州	532	399	90	43	5991142	4150060	1572078	14001	255003
云　　南	836	121	356	359	1745840	40	0	0	1745800
西　　藏	14	12	1	1	380712	70000	240000	12	70700
陕　　西	111	36	55	20	4296561	1810105	870048	1360101	256307
甘　　肃	128	92	32	4	7700385	3750130	3600200	350031	24
青　　海	17	0	11	6	350285	250034	100185	42	24
宁　　夏	210	110	58	42	2130000	1700000	75000	130000	225000
新　　疆	720	55	504	161	5305793	2204000	1550138	835355	716300

11-5 续表 4

地　　区	基层科普行动计划奖补的先进单位和个人（个／人）	# 农村专业技术协会（个）	# 农村科普示范基地（个）	# 农村科普带头人（人）	# 少数民族科普工作队（个）
合　　计	**3801**	**949**	**1214**	**787**	**17**
河　　北	148	45	93	4	0
山　　西	88	19	28	3	0
内 蒙 古	25	2	5	12	0
辽　　宁	142	34	37	15	0
吉　　林	82	25	12	19	0
黑 龙 江	11	5	3	2	0
江　　苏	164	19	62	21	0
浙　　江	209	22	103	25	0
安　　徽	288	84	92	70	5
福　　建	145	29	47	31	0
江　　西	101	29	31	33	0
山　　东	316	101	73	32	0
河　　南	89	28	34	22	1
湖　　北	297	66	100	11	0
湖　　南	360	62	115	140	1
广　　东	85	8	27	28	0
广　　西	16	2	4	7	0
海　　南	78	13	25	28	2
重　　庆	32	4	14	14	0
四　　川	358	132	78	55	0
贵　　州	56	20	17	15	0
云　　南	99	31	58	7	0
西　　藏	13	0	7	4	0
陕　　西	219	50	61	81	1
甘　　肃	89	48	9	3	2
青　　海	29	16	7	3	0
宁　　夏	26	12	5	6	1
新　　疆	236	43	67	96	4

十二、科技传播

简要说明

本篇统计资料为：

1. 汇总数据，反映中国科协、地方科协、全国学会和省级学会科技传播媒介能力建设情况。

2. 省级科协的统计数据为本年度编著科技图书、主办科技报纸、制作科普挂图、制作科技广播和影视节目、制作科普动漫作品、主办科技网站、开设科教栏目的电视台、开设科教栏目的广播电台、主办科普网站、主办科普 App、主办科普手机报、主办科普微信公众号、主办科普微博等情况。

3. 副省级城市科协、省会城市科协、地级科协、县级科协的统计数据为本年度编著科技图书、主办科技报纸、制作科普挂图、制作科技广播和影视节目、制作科普动漫作品、主办科技网站、主办科普网站、主办科普 App、主办科普手机报、主办科普微信公众号、主办科普微博等情况。

4. 省级学会统计数据为本年度编著科技图书、主办科技报纸、制作科普挂图、制作科技广播和影视节目、制作科普动漫作品、主办科技网站、开设科教栏目的电视台、开设科教栏目的广播电台、主办科普网站、主办科普 App、主办科普手机报、主办科普微信公众号、主办科普微博等情况。

12-1 2017年各级科协科技传播汇总表

指 标		科协合计		中国科协机关及直属单位		省级科协	
		2016年	2017年	2016年	2017年	2016年	2017年
编著科技图书	（种）	3090	1954	281	32	351	309
科技图书总印数	（万册）	1781.52	1201.21	95.60	6.01	394.86	139.45
主办科技报纸	（种）	134	98	0	0	32	24
报纸总印数	（万份）	9329.29	12413.78	0	0	8626.12	11206.93
制作科普挂图	（种）	6217	2373	4	—	495	185
挂图总印数	（万张）	901.29	728.76	1.52	—	250.67	255.23
制作科技广播、影视节目	（套）	8304	1251	4619	75	331	134
制作节目播放时间	（小时）	701753	947025	52951	25407	141911	177062
制作科普动漫作品	（套）	1346	3421	998	1622	103	165
制作科普动漫播放时间	（小时）	252423	7333764	4261	2521	5215	3528
主办科技网站	（个）	1514	611	4	3	100	74
浏览人数	（万人次）	35256.87	31599.52	39.24	55.31	27298.60	26268.49
开设科教栏目的电视台	（个）	271	628	1	—	4	13
开设科教栏目的广播电台	（个）	116	222	1	—	1	8
主办科普网站	（个）	536	683	32	29	34	57
浏览人数	（万人次）	224463.38	525307.91	214748.36	498891.23	3639.00	17933.59
主办科普 App	（个）	96	74	9	3	61	19
下载安装数	（万次）	1662.28	1079.61	1604.33	813.33	37.27	229.46
主办科普手机报	（个）	64	59	1	1	14	11
订阅数	（万次）	1831.45	1350.33	680.00	156.60	1012.86	1016.48
主办科普微信公众号	（个）	744	1101	7	29	93	131
关注数	（万个）	1577.10	1246.36	55.25	202.98	1192.85	414.52
主办科普微博	（个）	294	325	6	4	59	54
关注数	（万个）	1235.92	1359.96	725.65	744.40	405.51	515.14

12-1 续表

指　　标		副省级城市科协、省会城市科协		地级科协		县级科协	
		2016年	2017年	2016年	2017年	2016年	2017年
编著科技图书	（种）	73	41	270	209	2115	1363
科技图书总印数	（万册）	36.44	19.50	307.64	239.77	946.99	796.48
主办科技报纸	（种）	5	6	27	16	70	52
报纸总印数	（万份）	269.03	365.02	256.46	708.06	177.69	133.77
制作科普挂图	（种）	243	166	927	194	4548	1828
挂图总印数	（万张）	78.76	76.79	110.81	82.40	459.52	314.34
制作科技广播、影视节目	（套）	100	27	844	175	2410	840
制作节目播放时间	（小时）	9511	8054	95514	224369	401866	512133
制作科普动漫作品	（套）	79	61	99	1388	67	185
制作科普动漫播放时间	（小时）	183285	6302	47152	5352673	12510	1968740
主办科技网站	（个）	32	20	246	167	1132	347
浏览人数	（万人次）	394.62	442.87	3669.73	2089.06	3854.69	2743.79
开设科教栏目的电视台	（个）	3	14	49	100	214	501
开设科教栏目的广播电台	（个）	4	7	18	42	92	165
主办科普网站	（个）	22	35	119	169	329	393
浏览人数	（万人次）	1346.18	1535.92	1877.89	2902.92	2851.94	4044.25
主办科普 App	（个）	7	6	9	8	10	38
下载安装数	（万次）	3.79	4.23	2.65	6.70	14.24	26.52
主办科普手机报	（个）	0	0	13	14	36	33
订阅数	（万次）	0	0	106.20	120.11	32.39	57.14
主办科普微信公众号	（个）	34	44	190	250	420	647
关注数	（万个）	42.50	72.49	138.14	254.47	148.37	301.90
主办科普微博	（个）	15	16	54	67	160	184
关注数	（万个）	23.25	29.93	15.66	22.88	65.87	47.61

12-2 2017年全国学会、省级学会科技传播汇总表

指 标		学会合计		全国学会		省级学会	
		2016年	2017年	2016年	2017年	2016年	2017年
编著科技图书	(种)	1741	1174	429	355	1312	819
科技图书总印数	(万册)	855.27	552.09	219.44	136.15	635.83	415.94
主办科技报纸	(种)	105	71	27	4	78	67
报纸总印数	(万份)	879.19	631.65	293.90	117.04	585.29	514.61
制作科普挂图	(种)	3021	832	1090	124	1931	708
挂图总印数	(万张)	856.44	1493.89	315.50	11.50	540.94	1482.39
制作科技广播、影视节目	(套)	2630	424	81	81	2549	343
制作节目播放时间	(小时)	81730	16394306	7387	15024726	74343	1369580
制作科普动漫作品	(套)	454	203	75	36	379	167
制作科普动漫播放时间	(小时)	24159	1786	6286	236	17873	1550
主办科技网站	(个)	1105	929	328	294	777	635
浏览人数	(万人次)	245032.03	26687.72	213322.22	13348.09	31709.81	13339.63
开设科教栏目的电视台	(个)	11	36	1	5	10	31
开设科教栏目的广播电台	(个)	35	42	1	3	34	39
主办科普网站	(个)	207	331	46	90	161	241
浏览人数	(万人次)	14626.79	24410.87	2300.78	4902.57	12326.02	19508.30
主办科普 App	(个)	32	35	12	11	20	24
下载安装数	(万次)	365.78	208.31	18.15	121.57	347.63	86.74
主办科普手机报	(个)	250	20	237	5	13	15
订阅数	(万次)	5.50	30.41	2.20	2.83	3.30	27.58
主办科普微信公众号	(个)	557	657	197	200	360	457
关注数	(万个)	1049.13	846.97	634.43	240.77	414.70	606.20
主办科普微博	(个)	124	129	35	37	89	92
关注数	(万个)	341.20	1069.74	91.45	126.85	249.75	942.89

12-3 2017年各省级科协科技传播

地区	编著科技图书		主办科技报纸		制作科普挂图		制作科技广播、影视节目	
	种数（种）	总印数（册）	种数（种）	总印数（份）	种数（种）	总印数（张）	套数（套）	播放时间（分钟）
合计	**309**	**1394544**	**24**	**112069289**	**185**	**2552258**	**134**	**177062**
北京	33	187100	0	0	4	4060	5	980
天津	2	2000	0	0	0	0	1	90
河北	1	5000	1	4260000	0	0	0	0
山西	0	0	4	5251200	4	192006	62	619
内蒙古	1	24000	1	672000	0	0	1	3
辽宁	0	0	0	0	0	0	1	1500
吉林	5	36000	0	0	27	52700	2	3852
黑龙江	2	40000	1	500	16	435030	8	19189
上海	205	502864	2	3804807	20	6000	7	10550
江苏	3	6000	1	6205000	2	4000	3	2263
浙江	0	0	0	0	3	45000	7	1975
安徽	0	0	1	986380	0	0	0	0
福建	2	60000	0	0	1	561600	1	300
江西	0	0	0	0	0	0	0	0
山东	2	60000	1	20800000	5	82000	1	80
河南	0	0	1	4000000	1	5000	0	7000
湖北	1	2000	0	0	1	20000	0	0
湖南	0	0	1	13258800	0	0	0	0
广东	10	46000	0	0	14	209298	0	0
广西	0	0	2	12350000	2	40000	0	0
海南	0	0	0	0	5	900	3	4020
重庆	2	46000	2	5330000	0	0	2	125
四川	21	196280	1	28500000	34	560020	6	66
贵州	0	0	0	0	0	0	2	1320
云南	0	0	0	0	13	26736	5	1846
西藏	3	42000	2	2300002	0	0	0	0
陕西	1	1000	1	3558600	9	204000	2	904
甘肃	0	0	0	0	0	0	0	0
青海	11	46300	2	792000	21	2908	6	54
宁夏	4	92000	0	0	2	1000	2	516
新疆	0	0	0	0	1	100000	7	119810
新疆生产建设兵团	0	0	0	0	0	0	0	0

12–3　续表 1

地　区	制作科普动漫作品		主办科技网站		开设科教栏目的电视台（个）	开设科教栏目的广播电台（个）	主办科普网站	
	套　数（套）	播放时间（分钟）	个　数（个）	浏览人数（人次）			个　数（个）	浏览人数（人次）
合　计	**165**	**3528**	**74**	**262684875**	**13**	**8**	**57**	**179335915**
北　京	1	20	5	13652009	0	0	5	14510009
天　津	0	0	3	316000	0	0	3	266000
河　北	0	0	3	350000	0	0	2	162000
山　西	80	190	10	25027311	0	0	9	5687800
内蒙古	0	0	0	0	0	0	1	3765
辽　宁	40	300	1	850000	0	0	0	0
吉　林	1	95	1	424507	1	1	0	0
黑龙江	2	152	1	6700000	1	2	2	6780000
上　海	0	0	5	1310297	1	1	2	3350179
江　苏	1	54	4	1380083	0	0	4	4123000
浙　江	0	0	1	9906245	0	0	1	250000
安　徽	0	0	2	923109	2	0	1	26556
福　建	0	0	6	4089297	1	0	4	2885490
江　西	0	0	1	100000	0	0	1	5600
山　东	1	100	3	6140000	0	0	0	0
河　南	0	0	2	320000	0	0	2	5000
湖　北	0	0	1	15000	0	0	2	560000
湖　南	10	80	1	80000	0	0	0	0
广　东	0	0	2	1386200	0	0	1	1200000
广　西	0	0	4	166074365	0	0	2	128435818
海　南	9	2470	1	30000	3	1	1	30000
重　庆	1	29	5	5656260	0	0	5	725000
四　川	19	38	1	11040	0	2	1	100000
贵　州	0	0	1	580000	1	0	0	0
云　南	0	0	2	9923534	0	0	3	10043534
西　藏	0	0	0	0	0	0	1	15865
陕　西	0	0	5	6886266	1	1	2	53717
甘　肃	0	0	0	0	0	0	1	50000
青　海	0	0	1	3000	0	0	0	0
宁　夏	0	0	0	0	2	0	1	66582
新　疆	0	0	2	550352	0	0	0	0
新疆生产建设兵团	0	0	0	0	0	0	0	0

12-3 续表 2

地区	主办科普 App		主办科普手机报		主办科普微信公众号		主办科普微博	
	个数（个）	下载安装数（次）	个数（个）	订阅数（个）	个数（个）	关注数（个）	个数（个）	关注数（个）
合计	**19**	**2294584**	**11**	**10164800**	**131**	**4145191**	**54**	**5151426**
北京	1	150000	0	0	9	204807	2	442980
天津	0	0	0	0	4	17964	3	23373
河北	0	0	0	0	2	16035	3	1833
山西	1	1500	6	78000	34	642486	16	1547440
内蒙古	0	0	0	0	3	44228	2	1176
辽宁	0	0	0	0	2	202900	0	0
吉林	1	1600000	0	0	1	60000	0	0
黑龙江	3	83000	0	0	6	373000	1	500
上海	0	0	0	0	1	11917	0	0
江苏	3	110000	0	0	8	172802	8	125119
浙江	1	30000	0	0	1	5100	1	600000
安徽	1	263	0	0	2	63211	0	0
福建	1	10000	0	0	4	106052	1	15105
江西	0	0	1	10000000	1	266000	0	0
山东	0	0	0	0	1	160	1	25
河南	0	0	1	5000	4	138870	2	137905
湖北	0	0	0	0	0	0	0	0
湖南	0	0	0	0	5	153200	0	0
广东	1	1200	0	0	6	17029	1	1000
广西	0	0	0	0	4	2269	1	15220
海南	0	0	0	0	1	30000	0	0
重庆	2	158060	0	0	9	967470	5	1938219
四川	1	150000	0	0	5	259939	2	183791
贵州	0	0	0	0	1	20075	0	0
云南	1	30	0	0	3	42472	1	336
西藏	0	0	1	600	1	1450	0	0
陕西	0	0	1	31200	6	70502	2	96428
甘肃	1	100	0	0	1	20	0	0
青海	0	0	1	50000	2	7157	0	0
宁夏	0	0	0	0	3	27107	0	0
新疆	1	431	0	0	1	220969	2	20976
新疆生产建设兵团	0	0	0	0	0	0	0	0

12-4 2017年各副省级城市科协、省会城市科协科技传播

城市	编著科技图书		主办科技报纸		制作科普挂图		制作科技广播、影视节目	
	种数（种）	总印数（册）	种数（种）	总印数（份）	种数（种）	总印数（张）	套数（套）	播放时间（分钟）
合计	**41**	**194956**	**6**	**3650208**	**166**	**767945**	**27**	**8054**
副省级城市小计	**10**	**38000**	**1**	**960000**	**51**	**559590**	**10**	**1174**
宁波*	0	0	1	960000	1	110	0	0
厦门*	4	2000	0	0	1	2280	0	0
深圳*	1	6000	0	0	14	248000	1	95
青岛*	5	30000	0	0	30	276000	9	1079
大连*	0	0	0	0	5	33200	0	0
省会城市小计	**31**	**156956**	**5**	**2690208**	**115**	**208355**	**17**	**6880**
石家庄	0	0	0	0	0	0	0	0
太原	0	0	0	0	0	0	0	0
呼和浩特	0	0	0	0	1	3000	0	0
沈阳*	2	21000	0	0	6	60000	0	0
长春*	0	0	0	0	0	0	0	0
哈尔滨*	0	0	0	0	0	0	0	0
南京*	6	12806	0	0	47	17070	2	120
杭州*	2	8000	0	0	13	72340	5	3676
合肥	0	0	0	0	4	28800	2	1040
福州	1	5000	0	0	1	6	0	0
南昌	0	0	0	0	0	0	0	0
济南*	3	12000	0	0	0	0	0	0
郑州	0	0	0	0	4	25600	1	3
武汉*	10	30000	4	2600208	0	0	1	500
长沙	0	0	0	0	0	0	0	0
广州*	3	18150	0	0	38	539	1	1500
南宁	0	0	0	0	0	0	0	0
海口	0	0	0	0	0	0	0	0
成都*	0	0	0	0	0	0	0	0
贵阳	0	0	0	0	1	1000	1	1
昆明	0	0	0	0	0	0	0	0
拉萨	0	0	0	0	0	0	0	0
西安*	0	0	1	90000	0	0	0	0
兰州	0	0	0	0	0	0	0	0
西宁	1	20000	0	0	0	0	0	0
银川	3	30000	0	0	0	0	4	40
乌鲁木齐	0	0	0	0	0	0	0	0

注：本表中城市（包括省会城市）名称后带“*”的为副省级城市。

12-4 续表 1

城　　市	制作科普动漫作品		主办科技网站		开设科教栏目的电视台（个）	开设科教栏目的广播电台（个）	主办科普网站	
	套数（套）	播放时间（分钟）	个数（个）	浏览人数（人次）			个数（个）	浏览人数（人次）
合　　计	**61**	**6302**	**20**	**4428654**	**14**	**7**	**35**	**15359163**
副省级城市小计	**0**	**0**	**2**	**1250200**	**1**	**2**	**4**	**450500**
宁　波＊	0	0	1	1050200	1	1	1	55500
厦　门＊	0	0	0	0	0	0	0	0
深　圳＊	0	0	1	200000	0	0	1	70000
青　岛＊	0	0	0	0	0	1	1	80000
大　连＊	0	0	0	0	0	0	1	245000
省会城市小计	**61**	**6302**	**18**	**3178454**	**13**	**5**	**31**	**14908663**
石家庄	2	300	0	0	0	0	2	2511654
太　原	2	20	0	0	1	1	1	3000
呼和浩特	0	0	0	0	0	0	1	25917
沈　阳＊	0	0	0	0	0	0	0	0
长　春＊	0	0	0	0	0	0	0	0
哈尔滨＊	0	0	1	90785	0	0	0	0
南　京＊	50	5840	4	1173517	1	0	2	48071
杭　州＊	0	0	1	672000	2	0	3	147705
合　肥	0	0	2	143200	2	0	0	0
福　州	0	0	2	200000	1	0	2	169914
南　昌	0	0	0	0	1	0	1	78000
济　南＊	0	0	0	0	0	0	1	800000
郑　州	2	45	0	0	0	1	3	870855
武　汉＊	2	60	4	620000	1	0	1	303173
长　沙	0	0	0	0	0	0	0	0
广　州＊	2	22	1	32952	1	0	4	8958771
南　宁	0	0	1	80000	1	0	1	80000
海　口	0	0	0	0	0	0	0	0
成　都＊	0	0	0	0	0	0	1	300000
贵　阳	0	0	0	0	0	1	1	217972
昆　明	0	0	1	66000	1	1	1	37631
拉　萨	0	0	0	0	0	0	0	0
西　安＊	1	15	1	100000	0	0	1	10000
兰　州	0	0	0	0	0	0	1	50000
西　宁	0	0	0	0	0	0	1	20000
银　川	0	0	0	0	0	0	1	250000
乌鲁木齐	0	0	0	0	1	1	2	26000

12-4 续表 2

城市	主办科普 App		主办科普手机报		主办科普微信公众号		主办科普微博	
	个数（个）	下载安装数（次）	个数（个）	订阅数（个）	个数（个）	关注数（个）	个数（个）	关注数（个）
合计	**6**	**42319**	**0**	**0**	**44**	**724882**	**16**	**299336**
副省级城市小计	**0**	**0**	**0**	**0**	**8**	**75092**	**1**	**9000**
宁波*	0	0	0	0	2	15986	0	0
厦门*	0	0	0	0	1	380	0	0
深圳*	0	0	0	0	2	18300	1	9000
青岛*	0	0	0	0	1	40000	0	0
大连*	0	0	0	0	2	426	0	0
省会城市小计	**6**	**42319**	**0**	**0**	**36**	**649790**	**15**	**290336**
石家庄	1	9065	0	0	1	5542	1	207
太原	0	0	0	0	0	0	0	0
呼和浩特	0	0	0	0	1	970	1	124
沈阳*	0	0	0	0	0	0	0	0
长春*	0	0	0	0	0	0	0	0
哈尔滨*	1	3245	0	0	1	7856	0	0
南京*	1	600	0	0	2	1730	1	3010
杭州*	0	0	0	0	3	65366	2	2073
合肥	0	0	0	0	1	25000	0	0
福州	0	0	0	0	2	23072	1	72
南昌	0	0	0	0	1	35000	1	1081
济南*	0	0	0	0	2	14200	1	42000
郑州	0	0	0	0	4	211994	0	0
武汉*	1	1800	0	0	2	59000	0	0
长沙	0	0	0	0	0	0	0	0
广州*	2	27609	0	0	2	65957	1	36342
南宁	0	0	0	0	1	180	0	0
海口	0	0	0	0	1	2000	0	0
成都*	0	0	0	0	2	10028	2	89158
贵阳	0	0	0	0	1	5500	0	0
昆明	0	0	0	0	1	162	1	27650
拉萨	0	0	0	0	0	0	0	0
西安*	0	0	0	0	1	1055	1	49
兰州	0	0	0	0	1	5000	0	0
西宁	0	0	0	0	1	87000	0	0
银川	0	0	0	0	1	14768	1	88264
乌鲁木齐	0	0	0	0	4	8410	1	306

12-5 2017年各地区地级科协科技传播

地区	编著科技图书		主办科技报纸		制作科普挂图		制作科技广播、影视节目	
	种数（种）	总印数（册）	种数（种）	总印数（份）	种数（种）	总印数（张）	套数（套）	播放时间（分钟）
合计	**209**	**2397720**	**16**	**7080600**	**194**	**824006**	**175**	**224369**
北京	0	0	0	0	9	43275	5	1320
天津	7	73000	1	2600000	16	55228	6	3790
河北	4	31000	1	4000	1	4000	0	0
山西	3	14000	0	0	4	156	1	330
内蒙古	4	41000	1	3000	1	1200	5	95
辽宁	11	35000	1	120000	8	6273	22	7907
吉林	3	11000	1	100	1	300	1	520
黑龙江	7	43000	0	0	0	0	1	20
上海	12	58750	0	0	32	64256	6	68953
江苏	14	540600	0	0	17	52000	35	51920
浙江	18	452500	2	17000	6	8170	33	37738
安徽	0	0	0	0	4	31200	2	4020
福建	2	9000	1	12000	0	0	5	8710
江西	1	20000	0	0	0	0	1	12
山东	3	35200	0	0	17	83680	9	6655
河南	36	240270	0	0	33	83600	9	2168
湖北	4	20500	2	54000	0	0	4	13658
湖南	8	83000	0	0	1	30	0	0
广东	3	7000	1	4000000	16	38720	5	8380
广西	5	42000	0	0	1	10000	1	316
海南	0	0	0	0	0	0	0	0
重庆	6	243000	0	0	7	27800	5	123
四川	12	62000	0	0	6	26536	1	240
贵州	8	49500	0	0	3	50005	0	0
云南	6	42000	3	74000	4	203029	7	3258
西藏	0	0	0	0	1	160	1	1560
陕西	2	15000	0	0	2	10500	3	1119
甘肃	16	132400	1	16500	3	20388	3	1067
青海	1	5000	0	0	0	0	0	0
宁夏	1	4000	1	180000	0	0	4	490
新疆	2	72000	0	0	1	3500	0	0
新疆生产建设兵团	10	16000	0	0	0	0	0	0

12−5 续表 1

地　区	制作科普动漫作品		主办科技网站		开设科教栏目的电视台（个）	开设科教栏目的广播电台（个）	主办科普网站	
	套　数（套）	播放时间（分钟）	个　数（个）	浏览人数（人次）			个　数（个）	浏览人数（人次）
合　计	**1388**	**5352673**	**167**	**20890612**	**100**	**42**	**169**	**29029159**
北　京	0	0	13	353287	4	2	12	281789
天　津	0	0	1	13568	3	0	0	0
河　北	1	5	3	11250	0	0	7	5190467
山　西	0	0	5	330000	9	3	5	216800
内蒙古	0	0	4	34200	3	1	6	232900
辽　宁	0	0	6	778553	2	2	7	122768
吉　林	0	0	1	100000	2	1	2	17200
黑龙江	0	0	5	139013	0	0	1	7500
上　海	14	397	11	2259837	1	0	5	4157803
江　苏	8	30701	8	1056933	8	0	8	3691931
浙　江	51	5299000	4	3120000	9	8	6	1190022
安　徽	1	1000	10	335320	7	2	7	2291794
福　建	0	0	5	1473316	3	3	3	71700
江　西	0	0	5	137200	1	0	2	50000
山　东	1	20500	8	390900	11	5	15	301799
河　南	3	600	11	1051702	2	0	8	238500
湖　北	1	5	6	250005	2	2	7	760500
湖　南	0	0	6	217100	1	1	6	245100
广　东	1301	311	11	1011449	1	4	14	5721663
广　西	0	0	2	172500	1	1	4	376149
海　南	0	0	0	0	0	0	0	0
重　庆	1	10	9	219640	7	0	10	235640
四　川	5	24	10	999090	8	2	10	1779572
贵　州	0	0	4	544706	1	0	3	50600
云　南	0	0	9	5121596	8	2	8	1429687
西　藏	0	0	0	0	0	1	0	0
陕　西	0	0	3	510400	1	0	6	188420
甘　肃	0	0	3	198000	3	1	5	166282
青　海	0	0	0	0	1	0	0	0
宁　夏	0	0	1	20000	1	1	1	1526
新　疆	0	0	1	30000	0	0	0	0
新疆生产建设兵团	1	120	2	11047	0	0	1	11047

12-5 续表 2

地区	主办科普 App		主办科普手机报		主办科普微信公众号		主办科普微博	
	个数（个）	下载安装数（次）	个数（个）	订阅数（个）	个数（个）	关注数（个）	个数（个）	关注数（个）
合计	**8**	**60691**	**14**	**1201081**	**250**	**2544698**	**67**	**228758**
北京	2	10870	3	5381	15	367149	0	0
天津	0	0	0	0	5	3028	1	20
河北	1	1103	0	0	5	23816	2	1775
山西	0	0	0	0	8	630441	0	0
内蒙古	0	0	0	0	7	23476	2	2514
辽宁	0	0	0	0	10	15406	1	30
吉林	0	0	0	0	3	16890	0	0
黑龙江	0	0	0	0	4	896	0	0
上海	1	1298	0	0	14	162823	4	21218
江苏	3	37420	1	1100000	11	76136	2	18722
浙江	0	0	0	0	9	302558	3	6554
安徽	0	0	1	2600	12	159365	2	590
福建	0	0	0	0	5	12419	0	0
江西	0	0	1	10000	8	87093	2	302
山东	1	10000	0	0	10	54392	1	210
河南	0	0	2	3100	15	265312	7	45417
湖北	0	0	0	0	11	70776	0	0
湖南	0	0	0	0	8	80428	0	0
广东	0	0	0	0	15	42862	5	2483
广西	0	0	0	0	8	48095	0	0
海南	0	0	0	0	0	0	0	0
重庆	0	0	1	15000	18	18340	11	6437
四川	0	0	2	39000	7	11131	3	2100
贵州	0	0	0	0	6	16093	2	355
云南	0	0	0	0	16	38713	15	118932
西藏	0	0	3	26000	0	0	0	0
陕西	0	0	0	0	10	8679	0	0
甘肃	0	0	0	0	6	4390	3	559
青海	0	0	0	0	1	92	0	0
宁夏	0	0	0	0	3	3899	1	540
新疆	0	0	0	0	0	0	0	0
新疆生产建设兵团	0	0	0	0	0	0	0	0

12-6 2017年各地区县级科协科技传播

地区	编著科技图书		主办科技报纸		制作科普挂图		制作科技广播、影视节目	
	种数（种）	总印数（册）	种数（种）	总印数（份）	种数（种）	总印数（张）	套数（套）	播放时间（分钟）
合计	**1363**	**7964762**	**52**	**1337741**	**1828**	**3143421**	**840**	**512133**
河北	47	251680	4	61000	47	47579	19	15055
山西	90	385500	2	26000	50	30517	46	17672
内蒙古	105	574900	1	1500	20	25692	28	34510
辽宁	52	201100	3	19000	82	169215	19	9115
吉林	26	174700	0	0	14	43766	2	640
黑龙江	19	55100	2	7600	23	13780	16	1224
江苏	63	79800	3	136000	93	59577	48	24355
浙江	43	304900	3	223000	284	238076	73	81750
安徽	31	267800	3	10120	74	116807	24	35994
福建	39	99700	0	0	27	16892	31	116311
江西	23	46601	1	1	7	9715	9	6729
山东	52	637101	2	13400	314	875032	186	25445
河南	169	1262700	6	529000	140	199108	46	24738
湖北	24	228500	3	37000	85	125445	19	3337
湖南	117	511510	2	12200	121	142273	26	12099
广东	20	96932	0	0	21	113558	4	502
广西	6	63000	0	0	16	5297	7	2300
海南	42	89820	0	0	29	1946	2	6762
重庆	0	0	0	0	0	0	12	60
四川	142	919820	2	144000	119	199207	112	10903
贵州	29	302700	0	0	29	28677	29	28095
云南	29	139408	3	20200	41	53780	25	7655
西藏	30	169800	1	520	28	3990	1	0
陕西	44	392600	1	6000	87	486925	13	13598
甘肃	66	406000	0	0	28	23695	27	20953
青海	8	25000	1	0	19	7072	1	0
宁夏	18	75000	6	45000	20	42100	5	5216
新疆	29	203090	3	46200	10	63700	10	7115

注：本表数据不含北京、天津和上海地区。

12-6 续表 1

地 区	制作科普动漫作品		主办科技网站		开设科教栏目的电视台（个）	开设科教栏目的广播电台（个）	主办科普网站	
	套 数（套）	播放时间（分钟）	个 数（个）	浏览人数（人次）			个 数（个）	浏览人数（人次）
合 计	**185**	**1968740**	**347**	**27437946**	**501**	**165**	**393**	**40442493**
河 北	100	6000	8	47700	18	2	14	294550
山 西	2	125	1	11000	35	7	1	20000
内蒙古	0	0	16	481917	14	3	12	22065
辽 宁	0	0	5	1371560	15	5	9	475180
吉 林	0	0	3	5700	5	1	1	2500
黑龙江	1	4	2	12100	9	0	0	0
江 苏	5	68	29	1468412	22	17	24	1152194
浙 江	21	1951720	22	3115531	40	23	38	11873269
安 徽	0	0	30	1420055	28	14	39	1278214
福 建	1	3900	13	1955456	21	3	22	1651220
江 西	0	0	5	18971	16	1	4	8142
山 东	11	3638	40	1265321	45	15	35	953879
河 南	2	23	44	7770879	42	21	56	16896954
湖 北	27	787	28	3731691	17	6	26	808889
湖 南	3	2300	14	562463	24	6	19	540923
广 东	4	2	18	1441953	13	4	14	1203302
广 西	0	0	2	24000	9	2	4	6149
海 南	0	0	1	55000	2	1	1	1000
重 庆	0	0	2	5100	1	0	5	22260
四 川	5	47	22	973199	37	9	27	731757
贵 州	0	0	10	675446	13	3	8	1623375
云 南	1	100	11	747419	27	6	17	514828
西 藏	0	0	0	0	2	1	0	0
陕 西	1	10	12	173442	10	6	14	326673
甘 肃	0	0	3	61473	11	4	2	5170
青 海	0	0	2	2658	5	0	0	0
宁 夏	1	16	1	6500	6	1	1	30000
新 疆	0	0	3	33000	14	4	0	0

12-6 续表 2

地 区	主办科普App		主办科普手机报		主办科普微信公众号		主办科普微博	
	个 数（个）	下载安装数（次）	个 数（个）	订阅数（个）	个 数（个）	关注数（个）	个 数（个）	关注数（个）
合 计	**38**	**265213**	**33**	**571388**	**647**	**3019007**	**184**	**476082**
河 北	1	100	0	0	20	209956	4	21130
山 西	6	462	2	2180	21	31532	1	40000
内蒙古	1	8000	0	0	22	23676	3	1312
辽 宁	1	50	0	0	26	23374	2	426
吉 林	0	0	0	0	7	7856	0	0
黑龙江	0	0	0	0	6	7155	0	0
江 苏	2	48102	4	102689	34	368232	9	3042
浙 江	6	121173	1	1000	60	215591	23	29999
安 徽	2	710	5	19400	30	91766	21	36554
福 建	0	0	0	0	25	69750	5	1122
江 西	2	2001	3	1323	16	28796	3	1175
山 东	2	15001	1	1500	49	347508	12	4672
河 南	3	10520	4	2410	64	170363	20	100686
湖 北	3	53055	1	10000	38	217067	6	51597
湖 南	0	0	4	390589	17	712458	3	3800
广 东	0	0	0	0	23	59640	1	500
广 西	0	0	0	0	6	10847	0	0
海 南	0	0	0	0	4	2501	0	0
重 庆	2	1760	0	0	5	6400	3	138
四 川	4	3886	1	750	44	87184	11	6105
贵 州	0	0	0	0	7	2385	8	319
云 南	0	0	4	9046	59	117119	37	163844
西 藏	0	0	0	0	1	12	1	120
陕 西	3	393	2	30500	28	74595	7	6634
甘 肃	0	0	0	0	17	32464	2	2476
青 海	0	0	0	0	1	100	0	0
宁 夏	0	0	1	1	12	82755	2	431
新 疆	0	0	0	0	5	17925	0	0

12−7 2017年各地区省级学会科技传播

地区	编著科技图书		主办科技报纸		制作科普挂图		制作科技广播、影视节目	
	种数（种）	总印数（册）	种数（种）	总印数（份）	种数（种）	总印数（张）	套数（套）	播放时间（分钟）
合计	**819**	**4159379**	**67**	**5146122**	**708**	**14823868**	**343**	**1369580**
北京	46	162425	1	6000	66	12566079	23	653
天津	28	84370	2	8500	7	18216	4	220
河北	14	33490	2	6000	3	2060	8	250
山西	11	48800	1	5030	5	5810	5	65
内蒙古	20	194700	0	0	27	111782	6	320
辽宁	30	64800	2	12000	25	74553	0	0
吉林	25	164150	5	106870	35	59044	18	4147
黑龙江	3	1700	0	0	4	87	1	18
上海	60	277895	4	39200	42	85481	8	1439
江苏	57	189255	2	301	77	129186	33	743
浙江	34	362730	5	4502050	20	651905	26	12870
安徽	14	103860	1	24000	12	133210	8	130
福建	44	177268	0	0	38	292902	3	302
江西	24	102900	2	19200	23	29116	3	0
山东	18	231830	2	148500	22	134229	5	152
河南	27	107749	2	10000	9	53963	2	350
湖北	30	93200	1	6000	24	4810	6	94
湖南	46	228882	2	5300	22	38750	12	2036
广东	95	566900	1	60000	45	143015	5	85
广西	22	89603	5	82000	15	18730	2	280
海南	2	6001	0	0	0	0	0	0
重庆	16	57100	0	0	11	56120	20	534
四川	22	117701	1	300	3	6120	64	1304899
贵州	30	31200	2	15000	17	2624	3	420
云南	12	227300	2	6050	6	15270	8	625
西藏	5	16100	2	12000	10	11540	1	29
陕西	22	171551	6	32721	64	142830	4	21921
甘肃	1	0	1	0	2	15	1	0
青海	19	37000	5	14900	13	1747	48	1223
宁夏	22	113800	2	2900	15	27129	7	352
新疆	20	95119	6	21300	46	7545	9	15423

12-7 续表 1

地 区	制作科普动漫作品		主办科技网站		开设科教栏目的电视台（个）	开设科教栏目的广播电台（个）	主办科普网站	
	套 数（套）	播放时间（分钟）	个 数（个）	浏览人数（人次）			个 数（个）	浏览人数（人次）
合 计	**167**	**1550**	**635**	**133396304**	**31**	**39**	**241**	**195082970**
北 京	3	55	54	4788198	0	0	24	4287839
天 津	1	10	18	537871	1	1	5	2176170
河 北	0	0	13	911013	1	2	4	81200
山 西	14	33	17	682741	0	0	8	456671
内蒙古	0	0	19	3209982	2	2	10	189853
辽 宁	5	21	34	497367	0	0	17	406464
吉 林	1	95	16	679654	1	1	4	39700
黑龙江	0	0	7	529203	0	1	3	70200
上 海	0	0	49	62425492	0	1	8	29478632
江 苏	17	86	64	15254911	7	8	34	13920422
浙 江	56	90	26	5638682	3	0	13	1631462
安 徽	4	19	13	354305	0	0	7	172876
福 建	0	0	39	1221019	1	0	7	223080
江 西	0	0	15	270933	0	0	4	69750
山 东	25	132	27	7419269	2	7	9	8611995
河 南	0	0	13	1365573	0	0	6	859872
湖 北	1	3	12	396434	0	1	4	219180
湖 南	0	0	24	1662960	2	2	13	2853251
广 东	2	32	31	3711826	0	1	6	286526
广 西	4	2	17	922492	0	0	3	11179
海 南	0	0	3	40657	0	0	1	850
重 庆	0	0	26	5014229	0	0	9	4766712
四 川	1	30	16	1524603	1	2	7	259387
贵 州	7	601	8	1383408	2	3	2	46297
云 南	0	0	13	5163540	2	1	3	123982
西 藏	2	80	0	0	0	0	0	0
陕 西	4	51	24	3549387	0	1	9	122456446
甘 肃	16	20	2	80	1	1	2	80
青 海	0	0	8	918977	2	2	5	831272
宁 夏	3	10	12	352891	3	2	9	463622
新 疆	1	180	15	2968607	0	0	5	88000

12-7 续表 2

地区	主办科普 App		主办科普手机报		主办科普微信公众号		主办科普微博	
	个数（个）	下载安装数（次）	个数（个）	订阅数（个）	个数（个）	关注数（个）	个数（个）	关注数（个）
合计	**24**	**867379**	**15**	**275791**	**457**	**6062006**	**92**	**9428877**
北京	1	720000	1	1385	41	1069138	7	6810222
天津	1	35	1	200	17	26945	3	1515
河北	0	0	0	0	7	13745	1	84
山西	0	0	0	0	9	13455	2	5070
内蒙古	0	0	1	548	11	5713	3	2439
辽宁	0	0	3	248054	17	37287	4	4216
吉林	0	0	0	0	11	6941	2	672
黑龙江	0	0	0	0	8	9390	0	0
上海	1	2500	0	0	37	151691	2	219990
江苏	3	50101	3	14501	49	337948	8	22974
浙江	3	2561	0	0	41	1609575	15	1358676
安徽	0	0	0	0	12	33886	5	27938
福建	0	0	0	0	14	122247	2	10046
江西	0	0	1	2	7	20871	1	2143
山东	0	0	0	0	21	615885	7	141088
河南	0	0	0	0	20	353992	4	749065
湖北	1	1400	1	6500	5	3498	2	1417
湖南	3	58700	1	3500	17	25543	2	11820
广东	2	28200	0	0	19	87505	5	15871
广西	0	0	0	0	6	2703	0	0
海南	0	0	0	0	3	582	0	0
重庆	0	0	0	0	17	46110	5	26378
四川	1	2548	0	0	17	174009	1	10542
贵州	0	0	0	0	3	2487	0	0
云南	3	1050	0	0	8	1178637	0	0
西藏	0	0	0	0	1	580	0	0
陕西	0	0	1	1	20	94191	4	219
甘肃	1	0	0	0	1	510	1	142
青海	1	0	1	0	6	5659	3	130
宁夏	3	284	1	1100	8	6183	2	1220
新疆	0	0	0	0	4	5100	1	5000

十三、科技创新智库建设

简要说明

本篇统计资料为：

1. 汇总数据，反映中国科协、地方科协、全国学会和省级学会科技创新智库建设工作开展情况。

2. 地方科协和省级学会统计数据，分别反映各省级科协及其所属学会、副省级城市科协、省会城市科协、地级科协、县级科协开展的科技创新智库建设工作。

3. 相关统计指标包括：举办决策咨询活动、科技评估、组织参与立法咨询、组织政协科协界委员协商或调研活动、提供决策咨询报告、反映科技工作者建议、答复人大、政协代表（委员）提案、发布智库品牌报告、组织政策解读活动、发布政策解读文章等情况。

13–1 2017 年各级科协科技创新智库建设汇总表

指　标		科协合计		中国科协机关及直属单位		省级科协	
		2016 年	2017 年	2016 年	2017 年	2016 年	2017 年
举办决策咨询活动	（次）	2996	837	10	5	255	96
参加活动专家数	（人次）	25043	24553	128	173	2274	4419
科技评估	（项）	137	118	12	12	54	14
组织参与立法咨询	（次）	90	101	22	32	47	8
组织政协科协界委员协商或调研活动	（次）	646	572	4	—	35	13
提供决策咨询报告	（篇）	6374	1952	315	43	817	259
# 获上级领导批示的报告	（篇）	1779	810	23	52	102	85
反映科技工作者建议	（条）	18396	13454	493	11	1253	1829
# 获上级领导批示的建议	（条）	3722	2446	1	6	35	143
答复人大、政协代表（委员）提案	（件）	647	407	83	7	47	22
发布智库品牌报告	（个）	64	155	5	4	7	40
组织政策解读活动	（次）	325	276	1	—	30	10
发布政策解读文章	（篇）	316	169	13	1	87	46

13-1 续表

指标		副省级城市科协、省会城市科协		地级科协		县级科协	
		2016 年	2017 年	2016 年	2017 年	2016 年	2017 年
举办决策咨询活动	（次）	159	16	923	222	1649	498
参加活动专家数	（人次）	778	320	7580	9979	14283	9662
科技评估	（项）	11	12	11	9	49	71
组织参与立法咨询	（次）	1	1	13	2	7	58
组织政协科协界委员协商或调研活动	（次）	22	29	120	105	465	425
提供决策咨询报告	（篇）	210	173	1226	495	3806	982
# 获上级领导批示的报告	（篇）	25	25	253	120	1376	528
反映科技工作者建议	（条）	361	308	3882	2813	12407	8493
# 获上级领导批示的建议	（条）	44	51	346	254	3296	1992
答复人大、政协代表（委员）提案	（件）	25	33	109	104	383	241
发布智库品牌报告	（个）	48	37	0	10	4	64
组织政策解读活动	（次）	8	4	52	36	234	226
发布政策解读文章	（篇）	8	12	75	18	133	92

13-2　2017 年全国学会、省级学会科技创新智库建设汇总表

指　　标		学会合计		全国学会		省级学会	
		2016 年	2017 年	2016 年	2017 年	2016 年	2017 年
举办决策咨询活动	（次）	4724	1100	828	260	3896	840
参加活动专家数	（人次）	31595	19774	9285	6037	22310	13737
科技评估	（项）	4025	2182	1176	1045	2849	1137
组织参与立法咨询	（次）	184	161	100	40	84	121
组织政协科协界委员协商或调研活动	（次）	164	138	39	18	125	120
提供决策咨询报告	（篇）	8031	1029	569	221	7462	808
# 获上级领导批示的报告	（篇）	1002	480	99	68	903	412
反映科技工作者建议	（条）	6290	2348	232	210	6058	2138
# 获上级领导批示的建议	（条）	825	550	45	48	780	502
答复人大、政协代表（委员）提案	（件）	210	45	28	22	182	23
发布智库品牌报告	（个）	112	156	79	42	33	114
组织政策解读活动	（次）	448	385	93	77	355	308
发布政策解读文章	（篇）	436	256	156	60	280	196

13-3 2017年各省级科协科技创新智库建设

地区	举办决策咨询活动（次）	参加活动专家数（人次）	科技评估（项）	组织参与立法咨询（次）	组织政协科协界委员协商或调研活动（次）	提供决策咨询报告（篇）	#获上级领导批示的报告（篇）
合计	**96**	**4419**	**14**	**8**	**13**	**259**	**85**
北京	11	351	0	0	1	16	2
天津	8	113	4	0	5	5	2
河北	0	0	0	0	0	0	0
山西	8	53	0	7	0	19	1
内蒙古	0	0	0	0	0	0	0
辽宁	0	0	0	0	0	1	1
吉林	11	126	0	0	0	0	0
黑龙江	24	2900	0	0	2	8	21
上海	7	105	0	0	0	43	2
江苏	3	30	3	0	0	16	14
浙江	13	170	0	0	2	9	0
安徽	1	36	0	0	1	4	9
福建	0	0	0	0	0	57	0
江西	0	0	0	0	1	6	2
山东	1	240	1	1	0	1	2
河南	2	211	0	0	0	0	0
湖北	7	84	4	0	1	46	13
湖南	0	0	2	0	0	1	0
广东	0	0	0	0	0	0	0
广西	0	0	0	0	0	7	4
海南	0	0	0	0	0	0	0
重庆	0	0	0	0	0	18	12
四川	0	0	0	0	0	0	0
贵州	0	0	0	0	0	2	0
云南	0	0	0	0	0	0	0
西藏	0	0	0	0	0	0	0
陕西	0	0	0	0	0	0	0
甘肃	0	0	0	0	0	0	0
青海	0	0	0	0	0	0	0
宁夏	0	0	0	0	0	0	0
新疆	0	0	0	0	0	0	0
新疆生产建设兵团	0	0	0	0	0	0	0

13-3 续表

地　区	反映科技工作者建议（条）	# 获上级领导批示的建议（条）	答复人大、政协代表（委员）提案（件）	发布智库品牌报告（个）	组织政策解读活动（次）	发布政策解读文章（篇）
合　计	**1829**	**143**	**22**	**40**	**10**	**46**
北　京	91	0	1	0	0	0
天　津	5	3	1	3	2	1
河　北	78	1	2	0	1	1
山　西	50	0	2	1	4	0
内蒙古	0	0	0	0	0	0
辽　宁	4	1	1	0	0	0
吉　林	83	0	0	0	0	0
黑龙江	10	7	1	0	0	1
上　海	86	13	0	0	0	27
江　苏	367	88	0	0	0	0
浙　江	8	12	4	0	0	12
安　徽	72	3	0	1	0	0
福　建	0	0	7	30	0	0
江　西	0	0	0	0	0	0
山　东	19	3	0	0	0	0
河　南	0	0	0	0	0	0
湖　北	492	6	2	0	0	0
湖　南	4	3	1	0	0	0
广　东	0	0	0	0	0	0
广　西	5	1	0	0	1	1
海　南	0	0	0	0	1	2
重　庆	1	1	0	1	0	0
四　川	0	0	0	4	0	0
贵　州	1	0	0	0	1	1
云　南	252	0	0	0	0	0
西　藏	0	0	0	0	0	0
陕　西	201	1	0	0	0	0
甘　肃	0	0	0	0	0	0
青　海	0	0	0	0	0	0
宁　夏	0	0	0	0	0	0
新　疆	0	0	0	0	0	0
新疆生产建设兵团	0	0	0	0	0	0

13-4 2017年各副省级城市科协、省会城市科协科技创新智库建设

城　市	举办决策咨询活动（次）	参加活动专家数（人次）	科技评估（项）	组织参与立法咨询（次）	组织政协科协界委员协商或调研活动（次）	提供决策咨询报告（篇）	#获上级领导批示的报告（篇）
合　计	**15**	**312**	**12**	**1**	**27**	**150**	**24**
副省级城市小计	**6**	**211**	**1**	**1**	**6**	**45**	**6**
宁　波*	0	0	0	1	2	0	0
厦　门*	0	0	0	0	0	0	0
深　圳*	1	80	0	0	4	16	2
青　岛*	5	131	1	0	0	25	3
大　连*	0	0	0	0	0	4	1
省会城市小计	**9**	**101**	**11**	**0**	**21**	**105**	**18**
石家庄	0	0	0	0	0	0	0
太　原	0	0	0	0	0	0	0
呼和浩特	1	5	0	0	3	1	0
沈　阳*	0	0	10	0	0	0	0
长　春*	0	0	0	0	0	0	0
哈尔滨*	0	0	0	0	0	0	0
南　京*	0	0	0	0	0	9	0
杭　州*	0	0	0	0	5	6	2
合　肥	0	0	0	0	0	0	0
福　州	0	0	0	0	0	0	0
南　昌	0	0	0	0	0	2	5
济　南*	0	0	0	0	0	5	0
郑　州	0	0	0	0	0	13	2
武　汉*	3	64	0	0	1	16	5
长　沙	0	0	0	0	0	0	0
广　州*	3	24	1	0	6	30	3
南　宁	0	0	0	0	0	8	0
海　口	0	0	0	0	0	0	0
成　都*	0	0	0	0	2	0	0
贵　阳	0	0	0	0	0	0	0
昆　明	0	0	0	0	0	0	0
拉　萨	0	0	0	0	0	0	0
西　安*	2	8	0	0	3	15	1
兰　州	0	0	0	0	0	0	0
西　宁	0	0	0	0	0	0	0
银　川	0	0	0	0	1	0	0
乌鲁木齐	0	0	0	0	0	0	0

注：本表中城市（包括省会城市）名称后带"*"的为副省级城市。

13-4 续表

城　　市	反映科技工作者建议（条）	# 获上级领导批示的建议（条）	答复人大、政协代表（委员）提案（件）	发布智库品牌报告（个）	组织政策解读活动（次）	发布政策解读文章（篇）
合　　计	**275**	**50**	**33**	**21**	**3**	**12**
副省级城市小计	**46**	**17**	**11**	**0**	**2**	**3**
宁　　波*	7	0	4	0	0	0
厦　　门*	0	0	0	0	0	0
深　　圳*	14	14	7	0	2	3
青　　岛*	25	3	0	0	0	0
大　　连*	0	0	0	0	0	0
省会城市小计	**229**	**33**	**22**	**21**	**1**	**9**
石 家 庄	0	0	0	0	0	0
太　　原	0	0	0	0	0	0
呼和浩特	0	0	1	0	0	0
沈　　阳*	16	2	0	0	0	0
长　　春*	0	0	0	0	0	0
哈 尔 滨*	3	0	0	0	0	0
南　　京*	10	5	2	0	0	0
杭　　州*	33	2	4	0	0	0
合　　肥	0	0	0	0	0	0
福　　州	0	0	0	0	0	0
南　　昌	0	0	1	0	0	0
济　　南*	0	0	0	0	0	0
郑　　州	13	2	2	13	1	0
武　　汉*	56	13	2	0	0	9
长　　沙	0	0	0	0	0	0
广　　州*	12	3	2	8	0	0
南　　宁	0	0	2	0	0	0
海　　口	0	0	0	0	0	0
成　　都*	0	0	6	0	0	0
贵　　阳	0	0	0	0	0	0
昆　　明	0	0	0	0	0	0
拉　　萨	0	0	0	0	0	0
西　　安*	10	0	0	0	0	0
兰　　州	0	0	0	0	0	0
西　　宁	0	0	0	0	0	0
银　　川	26	6	0	0	0	0
乌鲁木齐	50	0	0	0	0	0

13-5 2017年各地区地级科协科技创新智库建设

地区	举办决策咨询活动（次）	参加活动专家数（人次）	科技评估（项）	组织参与立法咨询（次）	组织政协科协界委员协商或调研活动（次）	提供决策咨询报告（篇）	# 获上级领导批示的报告（篇）
合计	**222**	**9979**	**9**	**2**	**105**	**495**	**120**
北京	17	111	0	0	3	35	5
天津	0	0	0	0	0	0	0
河北	0	0	0	0	3	2	3
山西	1	20	0	0	5	2	1
内蒙古	1	10	0	0	0	0	0
辽宁	10	93	0	0	2	4	1
吉林	4	100	0	0	0	16	0
黑龙江	5	73	0	0	10	7	4
上海	59	426	0	0	2	36	7
江苏	15	198	3	0	10	135	17
浙江	2	264	0	0	13	3	2
安徽	1	100	0	0	2	35	4
福建	19	244	0	0	1	14	0
江西	1	1	0	0	4	1	0
山东	11	286	0	0	3	32	4
河南	13	242	0	0	2	28	10
湖北	6	96	0	0	3	37	6
湖南	2	90	1	1	9	2	0
广东	2	76	0	0	3	4	3
广西	8	113	0	0	5	6	1
海南	0	0	0	0	0	0	0
重庆	16	207	0	0	19	58	9
四川	8	2100	2	0	1	3	3
贵州	0	0	0	0	0	3	2
云南	2	4825	1	0	1	0	0
西藏	0	0	0	0	0	0	0
陕西	1	30	0	0	1	2	2
甘肃	2	98	0	0	1	2	11
青海	0	0	1	1	1	1	0
宁夏	0	0	0	0	1	1	1
新疆	0	0	0	0	0	20	16
新疆生产建设兵团	16	176	1	0	0	6	8

13-5 续表

地　　区	反映科技工作者建议（条）	#获上级领导批示的建议（条）	答复人大、政协代表（委员）提案（件）	发布智库品牌报告（个）	组织政策解读活动（次）	发布政策解读文章（篇）
合　　计	**2813**	**254**	**104**	**10**	**36**	**18**
北　　京	124	5	1	0	1	0
天　　津	7	0	3	0	2	0
河　　北	388	3	1	0	0	0
山　　西	67	10	1	0	1	0
内 蒙 古	30	1	0	0	0	0
辽　　宁	67	4	3	1	3	2
吉　　林	2	0	0	0	0	0
黑 龙 江	106	28	0	0	2	0
上　　海	145	29	3	5	3	0
江　　苏	224	48	18	0	2	2
浙　　江	19	5	11	0	0	0
安　　徽	45	2	5	0	0	1
福　　建	26	9	3	0	2	1
江　　西	19	6	1	0	0	0
山　　东	113	3	1	0	4	3
河　　南	575	14	3	0	1	0
湖　　北	52	9	6	0	0	0
湖　　南	36	5	7	1	1	1
广　　东	13	6	7	0	2	0
广　　西	133	6	4	0	2	0
海　　南	0	0	1	0	0	0
重　　庆	138	15	13	0	0	0
四　　川	256	14	4	0	0	1
贵　　州	4	1	3	0	1	0
云　　南	4	0	2	0	0	5
西　　藏	10	0	1	0	0	0
陕　　西	12	1	1	0	4	0
甘　　肃	130	15	0	0	0	0
青　　海	27	0	0	1	1	1
宁　　夏	3	2	0	1	2	0
新　　疆	27	9	0	1	1	1
新疆生产建设兵团	11	4	1	0	1	0

13-6 2017年各地区县级科协科技创新智库建设

地　区	举办决策咨询活动（次）	参加活动专家数（人次）	科技评估（项）	组织参与立法咨询（次）	组织政协科协界委员协商或调研活动（次）	提供决策咨询报告（篇）	# 获上级领导批示的报告（篇）
合　计	**498**	**9662**	**71**	**58**	**425**	**982**	**528**
河　北	8	31	4	3	8	19	10
山　西	8	122	0	0	11	13	17
内蒙古	15	90	0	1	8	9	6
辽　宁	6	17	1	3	9	23	8
吉　林	5	54	0	0	1	2	1
黑龙江	13	194	2	0	9	17	7
江　苏	27	428	4	2	40	71	22
浙　江	15	198	1	1	52	139	47
安　徽	29	386	2	3	35	48	24
福　建	15	138	1	1	6	29	12
江　西	28	192	5	5	12	39	26
山　东	71	1194	5	3	23	142	84
河　南	54	546	6	3	34	77	64
湖　北	33	301	3	1	24	33	35
湖　南	23	3753	4	5	21	56	47
广　东	3	68	2	1	11	2	0
广　西	5	73	1	1	9	13	2
海　南	0	0	1	0	0	1	0
重　庆	5	38	0	0	7	7	2
四　川	49	1055	7	4	28	82	37
贵　州	12	180	0	0	8	11	7
云　南	11	97	5	4	25	23	12
西　藏	9	35	5	4	4	3	3
陕　西	17	65	3	2	15	44	23
甘　肃	17	313	0	0	7	25	14
青　海	1	0	1	2	2	3	1
宁　夏	11	50	2	2	10	29	5
新　疆	8	44	6	7	6	22	12

注：本表数据不含北京、天津和上海地区。

13-6 续表

地　区	反映科技工作者建议（条）	#获上级领导批示的建议（条）	答复人大、政协代表（委员）提案（件）	发布智库品牌报告（个）	组织政策解读活动（次）	发布政策解读文章（篇）
合　计	**8493**	**1992**	**241**	**64**	**226**	**92**
河　北	415	65	4	5	11	6
山　西	490	79	1	1	9	3
内蒙古	192	59	8	1	3	0
辽　宁	252	29	2	3	2	2
吉　林	85	4	0	0	3	0
黑龙江	294	80	2	0	2	0
江　苏	681	103	34	3	16	11
浙　江	530	135	31	2	20	5
安　徽	203	98	26	1	20	7
福　建	263	72	9	0	0	0
江　西	417	90	2	5	10	4
山　东	1279	307	10	3	7	3
河　南	522	152	12	5	9	5
湖　北	412	118	13	2	8	6
湖　南	565	243	7	2	8	4
广　东	58	4	8	1	4	1
广　西	112	30	2	2	17	3
海　南	15	3	1	0	1	0
重　庆	31	3	1	0	0	0
四　川	433	110	23	4	31	8
贵　州	72	24	6	1	10	3
云　南	129	31	19	5	8	5
西　藏	514	4	4	5	7	4
陕　西	151	44	6	3	6	3
甘　肃	211	73	2	0	3	0
青　海	1	0	1	2	3	2
宁　夏	110	2	5	2	3	2
新　疆	56	30	2	6	5	5

13−7 2017年各地区省级学会科技创新智库建设

地区	举办决策咨询活动（次）	参加活动专家数（人次）	科技评估（项）	组织参与立法咨询（次）	组织政协科协界委员协商或调研活动（次）	提供决策咨询报告（篇）	# 获上级领导批示的报告（篇）
合计	**840**	**13737**	**1137**	**121**	**120**	**808**	**412**
北京	63	818	33	4	3	63	23
天津	29	470	16	10	8	21	3
河北	4	116	8	0	1	11	7
山西	24	179	3	0	1	10	3
内蒙古	20	212	11	2	2	49	12
辽宁	28	277	43	7	6	16	2
吉林	20	731	5	0	2	11	6
黑龙江	3	123	5	0	1	8	0
上海	32	1324	365	2	0	34	12
江苏	71	780	82	13	17	88	49
浙江	30	830	33	4	7	38	32
安徽	23	181	5	2	3	19	13
福建	49	897	131	0	0	26	8
江西	39	523	6	6	9	31	28
山东	47	436	76	6	5	61	31
河南	2	21	6	0	0	1	0
湖北	10	72	4	2	3	13	1
湖南	106	2571	55	6	5	35	17
广东	24	273	98	10	7	45	14
广西	5	64	12	2	2	3	0
海南	0	0	1	0	0	0	0
重庆	56	713	5	9	2	57	47
四川	49	537	63	9	10	48	32
贵州	19	234	4	6	5	19	17
云南	5	113	7	3	3	17	8
西藏	5	224	0	0	2	3	3
陕西	22	268	13	6	2	16	4
甘肃	1	0	2	2	2	7	7
青海	7	63	22	4	4	14	0
宁夏	4	82	8	4	2	15	14
新疆	43	605	15	2	6	29	19

13-7 续表

地 区	反映科技工作者建议（条）	#获上级领导批示的建议（条）	答复人大、政协代表（委员）提案（件）	发布智库品牌报告（个）	组织政策解读活动（次）	发布政策解读文章（篇）
合 计	**2138**	**502**	**23**	**114**	**308**	**196**
北 京	249	34	3	1	30	1
天 津	50	5	0	8	14	8
河 北	44	2	2	1	6	2
山 西	7	3	0	2	4	2
内 蒙 古	69	22	0	0	3	3
辽 宁	24	6	1	6	15	10
吉 林	158	33	0	0	4	3
黑 龙 江	15	0	0	0	17	14
上 海	27	3	0	2	8	21
江 苏	125	38	1	20	23	22
浙 江	67	10	1	11	14	14
安 徽	39	10	1	4	23	5
福 建	151	31	0	5	7	3
江 西	7	2	1	6	6	7
山 东	230	29	6	8	8	4
河 南	20	9	0	0	0	0
湖 北	56	3	0	2	5	2
湖 南	269	120	1	3	20	5
广 东	52	10	0	4	13	18
广 西	9	1	0	1	1	2
海 南	0	0	0	0	0	0
重 庆	227	71	1	0	4	2
四 川	12	2	0	5	19	10
贵 州	27	22	0	4	6	4
云 南	20	2	0	5	12	3
西 藏	6	1	0	0	1	0
陕 西	29	2	4	3	9	5
甘 肃	7	7	1	3	1	1
青 海	20	0	0	4	6	3
宁 夏	68	9	0	2	13	5
新 疆	54	15	0	4	16	17

主要指标解释

直属单位 指由科协主办并直接领导的，经编制管理部门批准设立的事业单位（不含其下属的企事业单位）或经工商行政管理部门登记具有独立法人资格的企业。

机关 / 直属单位从业人员 指在各级科协和直属单位工作、并领取劳动报酬的在编和连续工作一年以上的非在编人员。

学会 指各级科协所属学会、协会、研究会。

两级学会 指中国科协所属全国学会、省级科协所属省级学会。

个人会员（学会） 指在学会注册登记，并取得学会会员资格的人员（包括外籍会员）。

企业科协 指各级科协批复由企业成立的科协基层组织。

高校科协 指各级科协批复由高等院校成立的科协基层组织。

街道科协（社区科协） 指街道、社区成立的科协基层组织。

乡镇科协 指乡镇成立的科协基层组织。

农技协 指在民政部门登记、经本级科协正式审批接纳的农村专业技术协会（农技协）和在科协登记备案的各类农村专业技术研究会（农研会）。

中国科协各类基层组织 指各级科协在科技工作者集中的企事业单位、高等院校和有条件的街道社区乡镇、农村等建立的科学技术协会（科学技术普及协会）等。

个人会员（基层组织） 指在企事业单位、高等院校和有条件的街道社区乡镇、农村等建立的科学技术协会（科学技术普及协会）发展的个人会员（取得本协会会员资格的人员），其中，农村中一户计为一名农技协个人会员。

科普专职人员 指在各级科协和两级学会中从事科普工作时间占其全部工作时间 60% 及以上的人员。包括科普管理工作者，从事专业科普研究和创作的人员，专职科普作家，各类科普场馆的相关工作人员，科普类图书、报刊科技（科普）专栏版的编辑，电台、电视台科普频道、栏目的编导，科普网站信息加工人员等。

科普兼职人员 指在各级科协和两级学会中非职业范围内从事科普工作，仅在某些科普活动中从事宣传、辅导、演讲等工作的人员以及工作时间不能满足科普专职人员要求的从事科普工作的人员。包括进行科普讲座等科普活动的科技人员、中小学兼职科技辅导员、科技馆（站）的志愿者等。

注册科普志愿者 指按照一定程序在民政部门、科协及其他人民团体和群众团体等组织或科普志愿者注册机构注册登记，自愿参加科普服务活动的志愿者。

理事会理事 指经学会会员代表大会选举产生的学会理事会理事。

高级（资深）会员 指符合各学会章程所规定的高级会员或资深会员标准的会员。如章程中无此项规定，则指具备高级专业技术资格的会员。

外籍会员 指在学会登记注册，并取得学会会员资格的具有外籍身份的人员。

赞助会员 指在学会注册登记，通过无条件提供经费、志愿服务、物品等方式积极支持学会事业发展的个人会员或单位会员代表。

科技奖项 指各级科协和两级学会设立的科技奖项，涵盖人物奖和成果奖，科技奖和科普类奖项等。不包括一般的表扬鼓励和专门针对本单位工作人员的表彰奖励。

科学道德与学风建设宣讲活动 指各级科协和两级学会主办或牵头组织的宣讲科学精神、科学道德、科学伦理和科学规范等的活动。

技术标准 指针对普遍和重复出现的技术问题，对标准化领域中需要协调统一的技术事项制定的标准。

团体标准 指按照团体确立的标准制定程序自主制定发布，由社会自愿采用的标准。

专家工作站 指各级科协组织和两级学会协同有关单位，为高层次专家直接参与经济建设和社会服务组建的科技服务机构。

专家服务团队 指各级科协和两级学会根据项目合作需要，按专业特点牵头组织的专家服务团队，主要承担科学普及、科技攻关、决策咨询、工程论证、技术指导、科技扶贫等相关合作项目。

国内学术会议 指在我国境内由各级科协和两级学会主办或牵头主办的，以学术交流为目的，有国内有关专家、学者及科技人员参加并提交学术论文的学术研讨会、交流会、报告会和论坛等。

境内国际学术会议 指在我国境内由各级科协和两级学会主办或牵头主办以及受国际组织委托承办的，以学术交流为目的，与会代表来自三个或三个以上国家或地区（不含港澳台地区）的研讨会、交流会、报告会和论坛等。

港澳台地区学术会议 指由各级科协和两级学会与港澳台地区有关组织联合主办的，以学术交流为目的，来自港澳台地区的与会代表人数占总参会人数三分之一以上的研讨会、交流会、报告会和论坛等。

科技期刊 指由各级科协和两级学会主办或合办，具有固定刊名、刊期、年卷或年月顺序编号，以报道科学技术为主要内容的连续出版物，包括学术期刊、综合期刊、技术期刊、科普期刊和检索期刊等，不包括各类内部刊物。

国际民间科技组织 指各级科协和两级学会代表国家、地区或学科加入的，经所在国正式注册、具有法人资质的国际民间科技组织。

国际科学计划 指各级科协和两级学会及所联系的专家参与国际民间科技组织发起或主导的国际科学计划。

科普宣讲活动 指各级科协和两级学会单独或牵头组织的单次或系列化的，以报告会、广播、电视、报刊、网络或其他形式举办的科普讲座和报告，以陈列实物及展示图片等形式举办的各类科普展览，以及相关专业专家组成智力团体，向社会和公众提供的智力服务等活动。

青少年科学营 指由中国科协、教育部共同主办，旨在充分利用重点大学的科技教育资源，激发青少年对科学的兴趣，培养青少年的科学精神、创新意识和实践能力的青少年高校科学营活动。

中学生英才计划 指中国科协和教育部联合开展，为落实“支持有条件的高中与大学、科研院所合作开展创新人才培养研究和试验，建立创新人才培养基地”的要求，选拔一批品学兼优、学有余力，具有创新潜质的中学生走进大学，在自然科学基础学科领域著名科学家的指导下参加科学研究项目、科技社团活动、学术研讨和科研实践活动等。

科技馆 指各级科协拥有所有权或使用权的具备展览教育、培训教育、实验教育等功能的，面向公众常年开放的社会科技教育固定设施。

流动科技馆 指由中国科协配发或自行研发的用于科普活动的流动科技馆项目。

科普画廊（宣传栏、科技宣传橱窗）建筑面积 指由各级科协单独或牵头联合有关单位共同在广场、社区、村寨、公园、道路边等地方建设的、直接向公众宣传科学技术信息的，具有展示功能的宣传栏、橱窗等固定科普设施。按实际建筑面积计算，单面的计算单面面积，双面的计算双面面积。单个建筑面积之和等于总面积。

科普大篷车 指各级科协获得中国科协配发或自行开发的用于科普活动的大篷车。

科普中国e站 指基于科普中国网和科普中国服务云，依托网络、终端、活动场所等现有基层科普设施，按照统一标准建设、命名和挂牌，实现细分公众，线上线下相结合的科普活动信息化阵地。

科技评估 指各级科协和两级学会独立或牵头开展，遵循一定的原则、程序和标准，运用科学、公正和可行的方法，对科技活动有关的政策、计划、项目、成果、专有技术、产品机构、人才等进行专业判断的评估活动。

组织参与立法咨询 指各级科协组织专家或专业研究人员参与的立法咨询活动。

反映科技工作者建议 指科技工作者以书面形式正式向同级或上级党和政府及有关部门反映的有关社会、经济、科技、科技团体和个人权益保障等方面的意见和建议。